LES
ANESTHÉSIQUES

EN CHIRURGIE VÉTÉRINAIRE

PAR

G. DESOUBRY

CHEF DES TRAVAUX DE PHYSIOLOGIE ET DE THÉRAPEUTIQUE
À L'ÉCOLE VÉTÉRINAIRE D'ALFORT

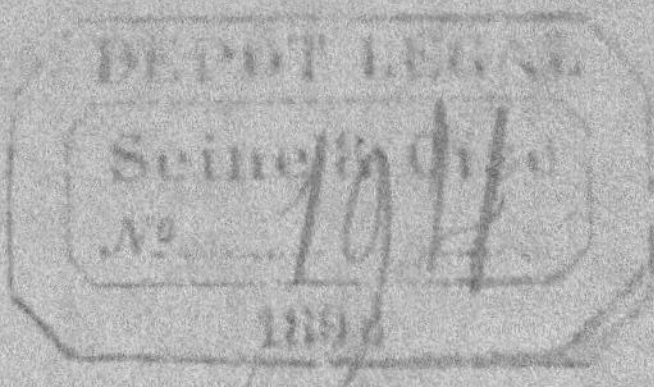

PARIS

ASSELIN ET HOUZEAU
LIBRAIRE DE LA SOCIÉTÉ CENTRALE DE MÉDECINE VÉTÉRINAIRE
PLACE DE L'ÉCOLE-DE-MÉDECINE

1890

LES
ANESTHÉSIQUES

EN CHIRURGIE VÉTÉRINAIRE

2780-96. — Corbeil. Imprimerie Éd. Crété.

LES
ANESTHÉSIQUES

EN CHIRURGIE VÉTÉRINAIRE

PAR

G. DESOUBRY

CHEF DES TRAVAUX DE PHYSIOLOGIE ET DE THÉRAPEUTIQUE
A L'ÉCOLE VÉTÉRINAIRE D'ALFORT

PARIS

ASSELIN ET HOUZEAU

LIBRAIRES DE LA SOCIÉTÉ CENTRALE DE MÉDECINE VÉTÉRINAIRE

PLACE DE L'ÉCOLE-DE-MÉDECINE

1896

PRÉFACE

DE M. LE PROFESSEUR KAUFMANN

L'anesthésie en insensibilisant et immobilisant les animaux permet d'entreprendre sur eux les opérations les plus délicates. Non seulement elle supprime les souffrances, mais elle a encore pour grand avantage de prévenir les mouvements de défense, mouvements qui, comme on le sait, gênent l'opérateur et souvent l'exposent à des dangers, ainsi que l'opéré.

Elle permet également d'appliquer la méthode antiseptique avec succès en médecine vétérinaire.

Si, malgré ces avantages, l'anesthésie n'est que peu employée dans la pratique ordinaire, c'est qu'elle offre quelque danger.

Mais ce danger, on l'a souvent exagéré. Il est bien établi que les accidents peuvent être évités par une connaissance parfaite de la méthode.

M. Desoubry applique l'anesthésie journellement, et avec grand succès, sur les animaux domestiques. Il a acquis, non seulement un grand savoir, mais une grande expérience.

Personne ne pouvait donc mieux traiter de l'anesthésie en chirurgie vétérinaire.

Ce petit livre est destiné à rendre les plus grands services. Écrit dans un style clair et précis, les praticiens y trouveront toutes les connaissances qui leur sont indispensables pour l'emploi rationnel des divers agents anesthésiques.

M. KAUFMANN.

Alfort, le 6 mars 1896.

AVANT-PROPOS

C'est convaincu des services que peut rendre l'anesthésie à la chirurgie vétérinaire, que j'ai entrepris de vulgariser les méthodes employées pour produire la narcose chez nos différents animaux domestiques.

C'est là une idée admise par la plupart, que l'anesthésie en vétérinaire n'est pas à recommander, en raison de la difficulté de son emploi et des dangers auxquels elle expose.

Depuis quelques années, attaché au laboratoire de Physiologie de l'École d'Alfort, j'ai, sous la direction de mon savant maître, M. le professeur Kaufmann, opéré l'anesthésie sur un très grand nombre de sujets. J'ai pu me convaincre que cette opération n'est pas d'une difficulté insurmontable et qu'on a considérablement exagéré les griefs qu'on peut lui opposer.

Dans ce petit manuel j'ai exposé sommairement

les méthodes auxquelles le vétérinaire pourra avoir recours, ainsi que les avantages ou les inconvénients attachés à chacune d'elles. J'ai particulièrement insisté sur les procédés les plus pratiques, sur ceux qui présentent le moins de dangers au cours de l'opération.

C'est le résultat de cinq années de pratique journalière que j'ai l'honneur de présenter au public vétérinaire.

Je ne veux pas terminer sans remercier sincèrement mon maître, M. le professeur Kaufmann, de la bienveillance qu'il m'a marquée en présentant, en termes si gracieux, le livre dont il s'agit.

Qu'il me soit permis également d'adresser mes plus sincères remerciements à mes éditeurs, MM. Asselin et Houzeau, pour les soins qu'ils ont mis à la publication de cet ouvrage. Les lecteurs ne manqueront pas de retrouver dans les quelques figures qui ornent ce livre, l'habileté coutumière de M. G. Nicolet.

Puisse ce modeste travail être de quelque utilité à mes confrères; ce sera ma plus douce récompense.

G. DESOUBRY.

Alfort, le 8 mars 1896.

LES
ANESTHÉSIQUES
EN CHIRURGIE VÉTÉRINAIRE

CHAPITRE PREMIER

HISTORIQUE DE L'ANESTHÉSIE

Abolir la douleur a toujours été l'idéal recherché par les chirurgiens. Aussi loin que l'on remonte dans l'histoire de la médecine on assiste aux efforts tentés dans le but d'insensibiliser les patients. C'étaient tantôt des manœuvres grossières capables de frapper l'imagination du sujet; tantôt au contraire l'anesthésie était obtenue par l'administration de breuvages capables de provoquer la narcose. On raconte que les Juifs faisaient prendre un narcotique au condamné qu'ils menaient au supplice.

Les procédés préconisés dans le but de supprimer

l'élément douleur variaient à l'infini ; les Assyriens pratiquaient la compression du cou des enfants qu'on devait circoncire ; les Grecs et les Romains faisaient sur la région opératoire des frictions au moyen de plantes de la famille des Urticées, enfin les Chinois employaient, dit-on, dans leurs frictions de la pierre de Memphis (carbonate de chaux) broyée dans du vinaigre.

Au moyen âge on employait surtout des potions à base de médicaments narcotiques tels que l'opium, la jusquiame, la laitue, la mandragore ou la ciguë. Mais il y a loin de ces préparations stupéfiantes aux médicaments anesthésiques que nous possédons aujourd'hui.

James Moore, vers la fin du siècle dernier, faisait de la compression des nerfs une méthode d'anesthésie.

Il rapporte une amputation de jambe qui fut faite dans ces conditions, sans qu'il eût pu constater chez l'opéré le moindre signe de douleur. Le chirurgien anglais se servait pour obtenir l'anesthésie d'un compresseur qu'il plaçait sur le trajet des nerfs sciatique et crural. Après lui, un chirurgien de Caen, Liégeard, employa le même procédé, avec cette modification qu'au lieu de comprimer seulement les cordons nerveux, il comprimait également les vaisseaux de la même région.

A peu près à la même époque, les préparations opiacées furent de nouveau préconisées, et Sassard, chirurgien de l'hôpital de la Charité de Paris, prescrivit l'opium aux malades qu'il devait opérer. Son exemple fut suivi avec succès par Hermann Demme, de Berne, et Gerdy, de Paris.

Il faut arriver en 1799 pour trouver la première découverte d'un médicament capable de supprimer la douleur. Un médecin des environs de Bristol, Beddoes, avait fondé un *Institut pneumatique* dans lequel on faisait aux malades des inhalations des divers gaz que Lavoisier, Cavendish, Priestley avaient découverts quelques années auparavant. C'est dans cet institut que Humphry Davy, alors chargé de la préparation de ces gaz, découvrit les remarquables propriétés du protoxyde d'azote. Il avait remarqué sur lui-même que les inhalations de ce gaz plongeaient celui qui le recevait dans un état de bien-être indéfinissable. Voici en quels termes il relate les effets observés : « Dans la nuit du 5 mai, je m'étais pro« mené pendant une heure dans les prairies de « l'Avon ; un brillant clair de lune rendait ce moment « délicieux et mon esprit était livré aux émotions « les plus douces. C'est alors que je respirai le gaz. « J'éprouvai d'abord une sensation de plaisir phy« sique toute locale, limitée aux lèvres et aux par« ties voisines. Successivement elle se répandit dans

« tout le corps et elle atteignit bientôt un tel degré
« d'intensité qu'elle absorba mon existence. Je per-
« dis tout sentiment. Toute la nuit qui suivit j'eus
« des rêves pleins de vivacité et de charme, et je
« m'éveillai le matin en proie à une énergie inquiète,
« à un besoin irrésistible d'agir que j'ai fréquem-
« ment éprouvé dans le cours de semblables expé-
« riences (Dastre, *Les Anesthésiques*). »

A la suite de ces expériences, tout le monde voulut
goûter du gaz hilarant, il y eut un engouement uni-
versel qui cessa néanmoins à la suite d'accidents
signalés par divers expérimentateurs.

L'éther devait bientôt entrer dans la pratique chirurgicale. Bien avant les essais de Morton et de
Jackson dont nous allons parler, des faits acciden-
dels avaient mis en évidence les propriétés anesthésiques de l'éther. Mais il arriva qu'on n'attacha aucune importance à ces accidents. On raconte que
c'est tout à fait par hasard que se fit la découverte
des propriétés anesthésiques de l'éther. Le chimiste
Jackson avait laissé tomber un flacon qui renfer-
mait du chlore. L'idée lui vint, pour neutraliser
l'effet irritant de ces vapeurs, de respirer de l'éther
en même temps que de l'ammoniaque. L'hydrogène
de l'éther et l'ammoniaque s'uniraient au chlore qu'il
avait respiré pour former du chlorhydrate d'ammoniaque qui est absolument inoffensif. Durant ces

expériences, Jackson perdit peu à peu l'usage de ses facultés et éprouva des symptômes identiques à ceux qu'on ressentait avec le protoxyde d'azote.

Du coup la découverte de l'anesthésie était faite.

Plus audacieux que ce médecin d'Athènes, Crawfort Long, qui dès 1842 avait déjà obtenu de bons résultats avec l'éther pour anesthésier ses malades, Morton et Jackson lancèrent leur découverte sous le nom de Léthéon et prirent même un brevet d'invention (1846, octobre).

Mais malgré toutes ces précautions on sut bientôt que leur Léthéon n'était autre chose que de l'éther.

On se mit à l'expérimenter partout.

La démonstration des propriétés anesthésiques de l'éther déjà faite en Amérique par Warren, Hayward et Bigelow, fut faite également en France par Malgaigne et Velpeau qui annoncèrent les résultats de leurs recherches, l'un à l'Académie de médecine (12 janvier 1847), l'autre à l'Académie des sciences (18 janvier 1847).

Peu après, un nouvel agent anesthésique fut proposé par le physiologiste Flourens, le chloroforme découvert par Soubeiran en 1831 ne tarda pas à détrôner l'éther dans la pratique des opérations (8 mars 1847).

Depuis, un grand nombre de substances ont été proposées pour obtenir l'anesthésie, de même qu'un grand nombre de méthodes dont quelques-unes méritent d'être conservées.

En médecine vétérinaire, l'emploi des anesthésiques semble avoir été essayé dès le début. Déjà en 1847 nous trouvons une relation traitant de l'emploi de l'éther dans un cas de vertige abdominal. En 1849, le professeur Rey, de Lyon, rapporte une série d'expériences démontrant l'efficacité, mais aussi les dangers du chloroforme dans les opérations chirurgicales de longue durée. D'une façon générale, l'anesthésie est très peu employée en médecine vétérinaire, ce n'est que dans des cas extrêmement rares que le vétérinaire a recours à ce procédé d'insensibilisation. Ce n'est pas cependant que nos animaux ne puissent résister aux inhalations de vapeurs anesthésiques, ni que les procédés fassent défaut. Les diverses raisons que l'on a invoquées pour combattre l'emploi de l'anesthésie chez nos animaux domestiques sont pour la plupart sans valeur. S'il ne faut pas endormir dans tous les cas d'opérations, il est des circonstances où l'anesthésie doit être employée. Le médecin bénéficiera de tous les avantages attachés à l'emploi de cette méthode et opérera dans des conditions de tranquillité absolue, il acquerra de plus un prestige qui souvent lui fait défaut quand on le voit au cours d'une opération engager une lutte véritable avec le sujet qu'il opère.

CHAPITRE II

PHYSIOLOGIE DE L'ANESTHÉSIE

I. — Considérations générales.

Pour que l'anesthésie puisse avoir lieu il est nécessaire que les vapeurs de chloroforme ou d'éther
par exemple aillent imprégner les éléments anatomiques. Il faut que le sang artériel les véhicule jusqu'à ces organes élémentaires. La porte d'entrée de
l'anesthésique volatil doit toujours être le poumon.
A ce niveau les vapeurs mélangées à l'air inspiré
pénètrent dans le sang qui traverse cet organe et
sont entraînées au loin. Si, au contraire, on essaie
de provoquer l'anesthésie en injectant du chloroforme dans le tissu conjonctif sous-cutané, ou en
l'administrant par l'estomac, ou en le poussant à
l'intérieur des veines, on échoue dans ses tentatives.
C'est que dans ces cas, l'anesthésique conduit par la
voie des veines au cœur droit s'élimine au niveau du
poumon en même temps que l'acide carbonique;

alors le sang artériel incomplètement chargé ou totalement dépourvu de vapeurs anesthésiques retourne au cœur sans être capable d'aller impressionner les éléments anatomiques.

Ce qui se passe ici avec le chloroforme se retrouve également dans l'expérience de Claude Bernard, dans laquelle l'éminent physiologiste injecte sous la peau ou dans une veine d'un lapin une certaine quantité d'hydrogène sulfuré. Dans ces conditions, on s'assure que l'acide sulfhydrique s'exhale par la surface pulmonaire et que la quantité de ce gaz cependant toxique si on l'avait administré par les poumons n'impressionne pour ainsi dire pas l'animal. Toutefois, le même expérimentateur a démontré qu'on peut parvenir à tuer l'animal en expérience si on lui injecte une quantité beaucoup plus grande d'hydrogène sulfuré, dans ce cas alors l'inhalation pulmonaire est si abondante que le sujet absorbe une quantité d'acide sulfhydrique suffisante pour amener l'empoisonnement.

Aussi n'est-il pas étonnant que certains physiologistes ou médecins aient prétendu pouvoir endormir leurs sujets par des injections intraveineuses de chloroforme ou par l'administration de l'anesthésique par les voies digestives.

Les substances anesthésiques agissent sur les éléments anatomiques quels qu'ils soient. Les mouvements des cils vibratils qu'on rencontre sur la muqueuse qui tapisse l'œsophage de la grenouille et qui sont doués d'une force relativement considérable, s'arrêtent si on soumet ces cellules à l'action des vapeurs d'éther ou de chloroforme. Le cœur de la tortue ou de la grenouille peut encore battre un certain temps après qu'on l'a enlevé de la poitrine; mais ces mouvements s'arrêtent si l'atmosphère dans laquelle on l'a placé contient des vapeurs anesthésiques.

Les graines en germination cessent de s'accroître si la terre dans laquelle elles séjournent a été humectée avec du chloroforme ou de l'éther.

La fonction chlorophyllienne est supprimée chez les plantes qu'on expose en présence de liquides anesthésiques.

Arloing, dans une communication à l'Académie des sciences (25 août 1879), établit que les anesthésiques arrêtent les mouvements de la sensitive tout comme les mêmes substances abolissent la sensibilité chez les animaux.

Voici du reste le résultat très intéressant de ses recherches : « La plante est arrosée avec les mélanges suivants :

Chloroforme......................... 3 ou 5 c. cubes.
Eau................................. 60   —

Ou bien :

Éther.	20 c. cubes.
Eau.	60 —

« L'arrosage une fois terminé les vases sont recouverts exactement et délicatement pour arrêter les vapeurs anesthésiques. Dans ces conditions, on observe après l'absorption radicellaire du chloroforme ou de l'éther des effets primitifs et secondaires. Les premiers sont comparables à ceux qu'on observe chez les animaux soumis à l'anesthésie. Ce sont d'abord des phénomènes d'excitation semblables à ceux qui succèdent aux irritations mécaniques ; ils se produisent successivement de la base vers le sommet de la tige. Au bout de 30 à 60 minutes les pétioles communs se redressent, les folioles s'écartent et ces phénomènes marchent cette fois du sommet vers la base. Mais à ce moment on constate que la plante a perdu sa sensibilité. Les effets secondaires consistent dans l'élimination de l'anesthésique. Il faut souvent une heure ou deux pour voir réapparaître la sensibilité. Lorsque la plante a été chloroformée ou éthérisée plusieurs fois de suite l'irritabilité est encore incomplètement revenue après 3, 4, 5 jours. »

Comme on a pu s'en assurer, les anesthésiques ont une action sur tous les éléments organisés, qu'ils soient végétaux ou animaux.

II — **Mécanisme de l'anesthésie.**

Nous avons vu que tous les éléments organisés étaient susceptibles d'être impressionnés par une substance anesthésique. Mais on peut se demander quelles sont dans l'organisme animal les premières régions atteintes. On peut dire que ce sont les centres nerveux qui subissent les premiers l'action de ces substances. C'est à Claude Bernard qu'est due la démonstration de ce fait. L'expérience démontre qu'on peut provoquer l'anesthésie chez une grenouille qu'on a plongée dans de l'eau chloroformée. Dans ce cas le sang chargé de vapeurs anesthésiantes est allé porter le sommeil dans les différents territoires de l'organisme. Mais si on supprime artificiellement la circulation dans telle ou telle région du corps, le département non irrigué subira-t-il encore les effets de l'anesthésique? C'est ce que l'expérience suivante va établir.

Sur deux grenouilles, après avoir enlevé le sacrum et isolé les nerfs lombaires, on enserre dans une ligature toutes les parties du corps à cette région. De la sorte, une grenouille se trouve divisée en deux parties : l'une antérieure dans laquelle la circulation s'effectue, l'autre postérieure dans laquelle au contraire la ligature a rendu toute circulation impossible. Cependant les relations nerveuses entre les deux régions n'ont pas disparu, grâce à la présence des nerfs lombaires que la ligature a respectés. Ces grenouilles ainsi préparées sont placées, l'une plongeant par le train antérieur, l'autre par le train postérieur, dans du chloroforme en dissolution dans l'eau (1 pour 200). Chaque vase dans lequel plongent l'une et l'autre grenouille en expérience est recouvert d'une membrane de caoutchouc pourvue d'une fente par laquelle on introduit l'animal et qui sert à le maintenir en bonne position.

Que va-t-il se passer ? On constate pour la grenouille qui plonge dans le milieu anesthésique par la région antérieure que l'anesthésie se produit non seulement dans la partie immergée, mais encore dans celle qui n'a subi aucun contact avec le liquide et dans laquelle la circulation a été interceptée. Ce n'est donc pas le sang qui dans ce cas est allé porter l'anesthésique dans le train postérieur. Mais le cerveau et la moelle épinière baignés par le sang de la région antérieure chargé de chloroforme ont peu à peu subi l'imprégnation et perdu leurs propriétés. Les nerfs lombaires comme tous les nerfs émanés de la moelle ont vu leur centre frappé de paralysie, aussi toute excitation portée sur la peau du train postérieur est-elle demeurée sans effet.

Chez la grenouille au contraire dont les membres postérieurs sont plongés dans l'eau chloroformée on n'obtient pas d'anesthésie. Tout au plus constate-t-on un certain degré d'insensibilité locale aux endroits où la substance a été appliquée. Mais l'anesthésie ne remonte pas le long des cordons nerveux, elle reste localisée à la périphérie. Il faut donc pour frapper les nerfs que les substances anesthésiques les attaquent au niveau de leur centre.

De quelle nature est l'action exercée par le chloroforme sur les centres nerveux? Pour un certain nombre d'auteurs, l'état d'insensibilité dans lequel était plongé le sujet était comparable au sommeil physiologique et était dû à la congestion du cerveau. L'anesthésie pour eux n'était que le résultat de la compression cérébrale par le sang qui venait s'accumuler dans la cavité crânienne. Malheureusement, pour les partisans de cette théorie, des expériences pratiquées sur le chien par Durham (1860) et des cas pathologiques observés par Bedford-Brown (1860) établissaient au contraire que pendant le sommeil, qu'il fût naturel ou provoqué, le cerveau devenait pâle, son volume diminuait, ses vaisseaux se dégorgeaient du sang qu'ils contenaient au point de n'être plus perceptibles à la surface du cerveau. Par contre, quand le réveil avait lieu, le cerveau augmentait de volume et récupérait sa couleur ordinaire. On était

apparemment en droit de conclure que l'anesthésie
était due à un ralentissement de l'activité circulatoire. Ce furent les expériences de Cl. Bernard qui
apportèrent l'accord. Il démontra qu'il est des circonstances où l'anesthésie s'accompagne de symptômes asphyxiques, surtout au début des inhalations. Alors la substance cérébrale est congestionnée,
hyperhémiée ; mais aussitôt que le sommeil a lieu le
cerveau s'anémie et devient exsangue. Comme le dit
très judicieusement Cl. Bernard, les deux théories
pouvaient parfaitement se soutenir : « En admettant
qu'il y ait anémie cérébrale, on pourra dire que la
sensibilité disparaît parce qu'il n'y a plus assez de
sang dans le cerveau pour exciter l'origine centrale
des nerfs sensitifs. Au contraire s'il y a hyperhémie
du cerveau, les cellules centrales d'où partent les
nerfs sensitifs peuvent se trouver d'abord trop fortement impressionnées et produire une excitation pas-
sagère ; mais, s'il en résulte des troubles respiratoires, que le sang stagne et n'aille plus s'hématoser
dans les poumons, il deviendra impropre à exciter
les fonctions nerveuses et l'anesthésie en sera la
conséquence (1). »

Le professeur du Collège de France n'admit cependant ni l'une ni l'autre de ces opinions. Il consi-

---

(1) Cl. Bernard, *Les Anesthésiques*, Leçon III.

dérait la congestion ou l'ischémie du cerveau comme
des phénomènes concomitants de l'anesthésie. Pour
lui, le sommeil chloroformique était dû à une modification physico-chimique de l'élément nerveux.
Les vapeurs anesthésiques amèneraient un état de
semi-coagulation de la cellule nerveuse ; cette coa-
gulation persisterait tant que le chloroforme ne serait
pas éliminé. Il se basait pour appuyer sa théorie sur
ce fait qu'un muscle placé dans un milieu saturé de
vapeurs de chloroforme ne tarde pas à entrer dans
un état de rigidité qu'il désigne sous le nom de
rigidité chloroformique. Si l'exposition du muscle
aux vapeurs de chloroforme n'a pas été de longue
durée, on constate qu'il a perdu peu à peu son excitabilité et au microscope on se rend compte que son
contenu est dans un état de semi-coagulation. Le
muscle n'est pas mort, car si on le remet dans ses
conditions physiologiques, on voit l'état de coagu-
lation disparaître et l'élément musculaire retrouver
son irritabilité.

Quoi qu'il en soit de ces diverses théories, on
ne connaît pas le mécanisme intime de l'anesthésie.
Les anesthésiques ont une action marquée sur le
protoplasma vivant ; quant à dire de quelle nature
est cette action, et comment elle s'exerce il n'y faut
pas songer. Contentons-nous de savoir ce que nous
enseigne l'observation des faits ; l'anesthésique agit

sur l'élément anatomique en en suspendant momentanément l'activité.

III. — Marche de l'anesthésie.

On a divisé les différents phénomènes qui se déroulent durant l'administration des anesthésiques en deux périodes :

A. Période d'excitation qui correspond avec le début des inhalations ;

B. Période d'anesthésie confirmée, pendant laquelle l'animal complètement immobile se prête à l'intervention chirurgicale.

A. *Période d'excitation*. — Les expériences de Cl. Bernard ont parfaitement établi que les anesthésiques portaient tout d'abord leur action sur les centres nerveux. Le même physiologiste a démontré que l'imprégnation de ce système se fait suivant une marche toujours constante. Les hémisphères cérébraux sont les premiers atteints, ce n'est qu'ensuite qu'on voit la moelle et enfin le bulbe être impressionnés par la substance anesthésique. Les fonctions sensitives sont les premières annihilées, les fonctions motrices ne le sont que quelque temps après.

La faculté que possède le bulbe de résister longtemps aux anesthésiques et d'être le dernier atteint l'a fait désigner par Charcot, sous le nom d'*ultimum moriens*. Mais avant d'être paralysés les éléments nerveux s'exaltent et passent par une période d'excitation. Le sujet qu'on endort, au moment où les vapeurs anesthésiques vont impressionner le cerveau, passe par une phase d'excitation remarquable. C'est à ce moment qu'on voit apparaître chez l'homme le délire, les rêves, les hallucinations, en même temps que des mouvements désordonnés et convulsifs. Le même fait se reproduit chez nos animaux ; le chien, qu'on soumet aux inhalations chloroformiques, aboie, pousse des cris plaintifs, des gémissements et s'agite convulsivement. Le cheval hennit et se débat d'une façon énergique. Au bout de quelques instants l'imprégnation des hémisphères est complète, à cette phase d'excitation cérébrale succède la paralysie et le calme apparaît.

A ce moment, la moelle est impressionnée à son tour, où l'on s'assure que sa sensibilité est détruite. Cette destruction de la sensibilité progresse de la périphérie au centre. La sensibilité à la douleur disparaît la première, puis s'abolit successivement, la sensibilité de la peau des membres, du tronc, de la face, de la muqueuse nasale et de la muqueuse de l'œil.

B. *Période d'anesthésie confirmée.* — Au fur et à mesure que ces phénomènes se déroulent, la moelle en tant qu'organe conducteur des impressions motrices ressent l'action de l'anesthésique et est excitée. On voit alors se produire de l'agitation, des mouvements respiratoires exagérés, quelques convulsions. Puis tout rentre dans l'ordre, l'agitation cesse, le système musculaire se relâche. Les membres du sujet sont dans un état de flaccidité remarquable, la *résolution musculaire* est obtenue. L'animal n'est plus qu'une masse inerte, incapable de réagir. La respiration s'établit régulière, l'animal est dans le repos absolu. C'est le moment propice à l'intervention chirurgicale.

IV. — Des accidents de l'anesthésie.

Si telle est la marche de l'anesthésie bien pratiquée, il n'en faut pas conclure qu'elle s'effectue toujours avec cette régularité. Dès les premières inhalations de chloroforme, l'ère des accidents est ouverte. Au moment même où le sujet est endormi, alors qu'on a vaincu les premières difficultés qui s'offrent au début de l'anesthésie, il ne faut pas perdre de vue que le sujet a atteint la limite des conditions compatibles avec la vie, et que l'introduction d'une nouvelle quantité de vapeurs peut suffire à amener des accidents irréparables. Nous allons examiner le mécanisme de ces accidents et voir quel remède on peut y apporter.

Tout à fait au début des inhalations, les vapeurs

anesthésiques à leur passage dans les premières voies respiratoires irritent la muqueuse de ces conduits, et cette irritation devient le point de départ de phénomènes réflexes sur le cœur et la respiration. C'est là le premier écueil, surtout si l'anesthésique mis en usage est de mauvaise qualité ou altéré dans sa composition.

Dans ces conditions, il n'est pas rare de voir survenir un ralentissement de la respiration, qui peut aller jusqu'à l'arrêt complet. C'est là ce qu'on a désigné sous le nom de *syncope laryngo-réflexe*. L'irritation est transmise au bulbe par le trijumeau ou le laryngé, et elle est réfléchie par l'intermédiaire du pneumogastrique. Ce qui démontre bien que ces réflexes ont pour point de départ les irritations portées sur les muqueuses nasale, buccale ou laryngée, c'est que si, à l'exemple de Paul Bert, on administre l'anesthésique par une ouverture faite à la trachée, on supprime de ce fait tous les accidents ; de même encore si, comme Arloing, on injecte la substance dans le système veineux. Sur le cœur, les dangers sont les mêmes, et on peut dès le début de l'anesthésie voir l'organe central de la circulation s'arrêter brusquement. Il semble même qu'à ce moment l'excitation du laryngé inférieur amène plus facilement l'arrêt du cœur (F. Franck). Encore ici, c'est l'irritation des extrémités terminales du trijumeau ou du laryngé, qui après s'être réfléchie dans le bulbe sur le pneumogastrique, vient déterminer le ralentissement ou l'arrêt complet du cœur, et provoquer la *syncope cardiaque primitive*.

Un peu plus tard, un nouveau danger se dresse, le cœur, sous l'action de l'excitation de la moelle, accélère considérablement ses battements, puis après avoir battu d'une façon désordonnée, s'arrête. Cette *syncope cardiaque secondaire* a son explication dans ce que, au moment où le cœur augmente le nombre de ses battements, les centres accélérateurs du cœur, qui siègent dans la moelle cervico-dorsale, sont excités par l'arrivée des vapeurs anesthésiques ; la paralysie qui suit l'excitation de ces mêmes centres provoque à son tour le ralentissement du muscle cardiaque au moment même où le bulbe, source des impulsions modératrices de cet organe, commence à ressentir les premiers effets de l'anesthésique et entre en excitation. Cette syncope cardiaque secondaire ou *bulbaire* précède de quelques instants la *syncope respiratoire secondaire*, qui peut se produire à la suite de l'excitation trop violente du bulbe.

Enfin, quand l'anesthésie est confirmée, on peut voir encore survenir d'autres accidents. Il faut redoubler de précautions et éviter l'entrée d'une trop forte quantité de vapeurs anesthésiques. En effet, si l'on continue l'inhalation, on voit survenir l'intoxication du bulbe et par suite sa paralysie. Dans ce cas, la respiration se suspend (*apnée toxique*), et le cœur, après avoir battu quelques instants encore, finit lui aussi par s'arrêter (*syncope tertiaire*).

Quant aux *moyens préconisés* pour combattre ces accidents, ils sont variables suivant qu'on se trouve en présence d'une syncope cardiaque ou d'une syncope respiratoire. On peut dire que devant les syncopes cardiaques, nous sommes presque sans pouvoir. Le mieux serait d'électriser la région cervico-dorsale de la moelle, afin d'essayer de réveiller l'action des accélérateurs cardiaques. Mais c'est là un moyen peu pratique. Dans ce cas, comme dans celui de syncope respiratoire, il vaut mieux pratiquer la respiration artificielle.

En effet, lorsqu'il s'agit d'un arrêt de la respiration, la pratique de la respiration artificielle donne d'excellents résultats. Il suffit de presser la poitrine du sujet d'une façon rythmée, de manière à faire pénétrer et sortir successivement une certaine quantité d'air. Le temps pendant lequel ces manœuvres sont nécessaires varie, quelquefois quelques mouvements suffisent à rappeler la respiration, parfois au contraire, il est bon d'insister pendant dix minutes et davantage. Tant que le cœur bat, le sujet peut être rappelé à la vie.

Le procédé de Laborde ou des *tractions rythmées*

de la langue doit être mis en usage, il est capable de rendre en pareille circonstance des services excellents. Je n'en veux pour preuve que la communication suivante du Dr L. Labbé, devant l'Académie de médecine, dans la séance du 30 octobre 1894 : « Il s'agissait, dit-il, d'un enfant que j'opérais avec plusieurs confrères. Presque dès le début de la chloroformisation, il y eut asphyxie. La mort semblait absolue ; la pupille était dilatée au maximum. Cependant, dès que je pensai à pratiquer des tractions rythmées de la langue, le malade revint à la vie avec une rapidité extraordinaire. Ce fut une véritable résurrection. »

En somme, les meilleurs procédés à employer dans les cas d'accidents au cours de l'anesthésie, sont la respiration artificielle et les tractions de la langue. Quant aux autres moyens préconisés en pareille circonstance, ils sont pour ainsi dire sans effets, à part toutefois la flagellation de l'épigastre à l'aide d'un linge mouillé qui est quelquefois employée avec succès.

V. — Moyens de s'assurer de la marche de l'anesthésie.

L'examen de la sensibilité aux diverses régions du corps, permet de suivre les progrès de l'anesthésie. On sait que les membres, le corps, les lèvres, la conjonctive deviennent tour à tour insensibles. Si au toucher de la muqueuse oculaire il ne se produit aucun mouvement des paupières, si le *réflexe oculo-palpébral* a disparu, c'est que la limite est atteinte et qu'il serait dangereux de continuer l'administration de l'anesthésique. Le *réflexe labio-mentonnier* peut encore fournir d'excellentes indications. Si l'on touche la gencive de l'arcade incisive supérieure, on provoque un mouvement de la lèvre inférieure qui vient brusquement recouvrir la base des incisives.

Or, ce réflexe persiste alors que le réflexe oculo-palpébral a cessé de se produire, c'est pourquoi Dastre qui l'a découvert, lui a donné le nom d'*ultimum reflex* (1886).

L'état des yeux et de la pupille n'est pas moins utile à connaître. Chez le chien par exemple, pendant toute la durée des inhalations, la pupille est fortement dilatée, cet état de dilatation persiste dudant toute la phase d'agitation. Dès que l'anesthésie est obtenue et que l'animal est plongé dans le sommeil, on voit la pupille se contracter peu à peu au point de devenir punctiforme. On peut être sûr alors de l'absence d'accidents, mais si au cours de l'anesthésie la pupille contractée se dilate brusquement c'est l'indice d'une intoxication, il faut cesser

l'inhalation et intervenir par les moyens appropriés.
On constate pendant l'administration de l'anesthésique, notamment chez le cheval, des mouvements
des yeux tout à fait caractéristiques. C'est un mouvement de pirouettement d'abord accéléré puis graduellement ralenti à mesure que l'anesthésie se confirme. Au moment où celle-ci est complète, les
mouvements s'arrêtent pour reprendre dès que l'é-
limination de l'anesthésique est commencée.

VI. — Influence de l'anesthésie sur les différentes fonctions.

L'anesthésie exerce sur les différentes fonctions
des influences variées qu'il est utile de connaître.
Son action sur la circulation centrale a été déjà
étudiée à propos des accidents de l'anesthésie, de
même encore que son action sur la respiration.

Les modifications qu'elle apporte sur la circulation périphérique seront étudiées lors de l'étude que
nous ferons des diverses substances mises en usage.

Les anesthésiques ont une action marquée sur la
force des mouvements respiratoires ainsi que cela
résulte des expériences de Langlois et Richet (*Académie des sciences*, 1ᵉʳ avril 1889).

Dans les conditions normales, un chien peut respirer à travers une colonne de mercure dont la hau-

teur est de 25 millimètres. Mais une fois anesthésié, si on le fait respirer à travers une colonne de mercure haute de 10 millimètres, il est incapable de franchir cet obstacle et s'asphyxie. C'est l'effort expiratoire qui est paralysé. Même plongé dans le sommeil, le chien peut encore inspirer à travers 15, 20 ou 25 millimètres de mercure, tandis que si la pression à l'expiration est de 10 millimètres, l'effort expiratoire est impossible et l'animal meurt. La conclusion, c'est qu'il ne faut pas porter le plus petit obstacle à l'expiration, sous peine de voir l'asphyxie survenir.

On peut également constater que durant l'anesthésie, la température subit un abaissement notable qui varie entre quelques dixièmes de degré et un degré et plus. Cette chute de température s'explique par ce fait que la consommation d'oxygène et la production d'acide carbonique diminuent peu à peu durant la période anesthésique (P. Bert). D'autre part, on a signalé pendant la durée du sommeil une diminution de la thermogenèse et des échanges respiratoires.

Pour ce qui est des sécrétions, il n'est pas rare de voir survenir pendant l'anesthésie une abondante production de salive. Cette hypersécrétion salivaire est due à l'action locale que les vapeurs d'éther et de chloroforme exercent sur la muqueuse buccale.

Certains ont signalé pendant l'anesthésie la présence
de l'albumine et des pigments biliaires dans l'urine,
en même temps qu'une diminution de l'urée. Enfin,
les anesthésiques sont capables d'exciter le centre
diabétique du bulbe et de provoquer l'hypergly-
cémie.

CHAPITRE III

EMPLOI DU CHLOROFORME

I. — Propriétés physico-chimiques du chloroforme.

Le chloroforme découvert en 1831, par Soubeiran en France, et par Liebig en Allemagne, est un liquide incolore d'une densité de 1,48, dont le point d'ébullition est de 60°8. Il possède une odeur suave, une saveur piquante et sucrée. Il est soluble dans l'alcool absolu et l'éther sulfurique, à peu près insoluble dans l'eau. C'est un liquide incombustible, il est capable de dissoudre l'iode, le soufre, le phosphore, les corps gras, un certain nombre de résines et d'alcaloïdes.

Le chloroforme peut renfermer des substances étrangères, résultats d'une purification insuffisante ou d'une falsification. Dans tous les cas, il faut savoir que sous l'influence de la lumière, le chloroforme est capable de se décomposer et de dégager des vapeurs acides et chlorées.

II. — Caractères de pureté du chloroforme. — Mode de conservation.

S'il n'est pas possible d'incriminer le chloroforme dans tous les cas de mort qui surviennent au cours de l'anesthésie, il faut cependant savoir que les impuretés de ce produit sont susceptibles, dans une certaine mesure, d'amener des accidents redoutables. Le chirurgien devra toujours reconnaître la pureté du chloroforme qu'il mettra en usage. Aussi pensons-nous utile d'exposer les caractères de pureté de ce produit :

a. Le chloroforme doit avoir une densité de 1,48 à 18°.

b. Son point d'ébullition doit varier entre 60°8 et 61° à la pression de 760 millimètres.

c. Si le chloroforme est pur et ne renferme pas d'alcool, lorsqu'on l'agite avec de l'eau, il reste transparent ; dans le cas contraire, le chloroforme devient opalescent.

d. En présence de teinture bleue de tournesol, le chloroforme pur ne doit ni la rougir ni la décolorer, ce sera la preuve qu'il ne renferme ni acide, ni chlore libre, ni produits chlorés décolorants.

e. Traité par une solution de nitrate d'argent, le chloroforme qui ne renferme pas d'acide chlorhydrique ni de chlore ne doit pas précipiter.

f. Si le chloroforme ne contient pas de matières organiques, il ne doit pas se colorer si on l'agite avec son volume d'acide sulfurique.

g. Enfin, il peut renfermer de l'aldéhyde ; dans ce cas, si on le chauffe avec de la potasse en dissolution, il la brunit et réduit l'oxyde d'argent hydraté.

h. Le chloroforme pur doit être ininflammable.

Le chloroforme qu'on expose à la lumière donne très rapidement des traces de décomposition. Après deux jours en été, et cinq jours en hiver, ces altérations sont déjà constatables. Au contraire, si on soustrait le produit à la radiation solaire, on peut le conserver un temps très long sans voir survenir de changements dans sa composition. Aussi doit-on lorsqu'on veut conserver du chloroforme dans des conditions de pureté irréprochable, avoir soin de le placer dans de petits flacons colorés et de le mettre à l'abri de la lumière.

Regnault (*Mémoires de la Société de biologie*, 15 novembre 1884) recommande pour éviter l'altération du chloroforme, d'y ajouter de l'alcool éthylique dans la proportion de 1 à 2 p. 1000, ou de l'éther sulfurique à la dose de 1 p. 1000.

Plus récemment, M. Allain (*Journal de pharmacie et de chimie*, 6ᵉ série, t. II, nᵒ 6, p. 252) propose le moyen suivant : saturer le chloroforme de soufre pur. Dans ces conditions, quels que soient les modes de conservation de ce produit, on constate que ses propriétés sont conservées intactes.

III. — Mode d'administration du chloroforme.

A propos de la physiologie de l'anesthésie, nous avons vu que l'administration des anesthésiques volatils devait se faire par les poumons. Nous avons établi qu'on arrive toutefois à provoquer le sommeil quand au lieu de pratiquer des inhalations, on s'adresse à l'estomac ou au tissu conjonctif sous-cutané, mais alors la quantité d'anesthésique nécessaire devient considérable. On connaît un certain nombre d'exemples dans lesquels l'ingestion d'une dose massive de chloroforme a été suivie d'anesthésie générale. Mais dans ces différents cas, les phénomènes observés n'ont pas cessé d'être inquiétants pour la vie des sujets. Sur l'un d'eux observé par Taylor, on constata à la suite de l'ingestion de 112 centimètres cubes de chloroforme, les phénomènes suivants : insensibilité absolue, pupille fortement dilatée, pouls petit, présence de râles dans les poumons, mouvements convulsifs généraux. Malgré cela, on parvint après douze heures de soins assidus, à rappeler le sujet à la vie, mais il conserva de la bronchite, une faiblesse notable des battements du cœur qui étaient devenus sourds et rudes.

Raphaël Dubois, dans une communication à la Société de biologie (10 mars 1884), relate qu'il échoua complètement à produire l'anesthésie par administration par le rectum d'air saturé de chloroforme. Dans un cas il chassa une grande quantité de cet air dans la partie terminale de l'intestin et ne put constater aucune modification de la sensibilité. Parfois les animaux en expérience étaient pris de vomissements, et les matières vomies avaient manifestement l'odeur de chloroforme. Le même auteur en injectant par le rectum un mélange d'huile et de chloroforme parvint à provoquer un état comparable à l'ivresse, mais qui n'était pas de l'anesthésie.

C'est donc par les poumons qu'on doit faire les inhalations de chloroforme.

Pour les pratiquer on a proposé un très grand nombre d'appareils. Pour le chien notamment, on peut se servir d'un inhalateur à forme de muselière. Celle-ci a sa partie antérieure constituée par une chambre métallique fermée à ses deux extrémités par un grillage. C'est dans cette boîte qu'on place une éponge imbibée de chloroforme. De la sorte, l'animal respire à travers une atmosphère chargée de vapeurs anesthésiques. Voir figure 1.

Mais on peut dire que l'usage de ces appareils

spéciaux peut être abandonné. Le mieux est de se servir d'une serviette pliée en forme de compresse de 20 centimètres carrés environ.

Cette compresse après qu'elle a reçu quelques gouttes de chloroforme est maintenue à 6 ou 8 centimètres des naseaux de façon à permettre au sujet d'introduire dans ses poumons un mélange d'air et de substance anesthésiante.

Fig. 1. — Muselières pour l'anesthésie du chien et chien porteur d'une muselière.

Lorsqu'il s'agit du chloroforme qui exerce sur la peau une action irritante, on peut enduire le pourtour de la bouche et des naseaux d'une couche de vaseline qui met la peau de ces régions à l'abri des irritations possibles. D'autre part, il est bon de recouvrir la compresse d'une toile cirée par exemple, afin d'empêcher le chloroformisateur d'absorber une grande quantité de médicament.

Ce procédé de la compresse n'est guère applicable que chez les animaux, tels que le chien, le cheval et le bœuf qu'on peut facilement entraver. Mais quand il s'agit d'animaux comme le chat, le

Fig. 2. — Pratique de l'anesthésie chez le chat. Chat sous la cloche.

singe, que l'agilité, la souplesse et aussi les moyens de défense rendent difficiles à manier, il faut avoir recours à un procédé différent.

Le chat est introduit sous une cloche de verre (voir fig. 2) sous laquelle on a placé au préalable quelques éponges ou tampons d'ouate imbibés de chloroforme. Au bout de quelques minutes on voit l'animal tituber, puis tomber sur le côté et dormir. C'est à ce moment qu'il faut le saisir, le fixer solidement et pratiquer l'opération. L'administration de nouvelles quantités de chloroforme permet de prolonger l'anesthésie pendant la durée des manœuvres opératoires. Pour un animal de forte taille, le singe par exemple, le mieux est de jeter dans la cage quelques éponges mouillées de chloroforme, et de recouvrir celle-ci d'une couverture épaisse. L'animal ne tarde pas à ressentir les effets de l'anesthésique. On le voit tour à tour inquiet et chancelant, puis après quelques temps il s'affaisse et dort. Comme pour le chat, c'est le moment d'intervenir.

S'il arrivait qu'on dût pratiquer l'anesthésie sur de petits animaux comme les oiseaux, c'est encore au procédé de la cloche qu'il faudrait recourir. Mais ici il serait nécessaire de redoubler de précautions, car ces animaux sont d'une sensibilité extrême en présence du chloroforme.

Doit-on faire pénétrer le chloroforme à doses massives, ou au contraire par petites quantités? L'expérience a démontré qu'au procédé par *sidération*, il est préférable de substituer le procédé *dosimétrique* ou *des gouttes*. Dans le premier cas on verse sur la compresse une grande quantité de chloroforme;

le malade brusquement saisi est *sidéré* sans avoir
présenté la période d'agitation qui marque le début
de l'anesthésie. Mais c'est là un procédé dangereux
qui expose le patient aux syncopes cardiaque et respiratoire. Dans le procédé dosimétrique au contraire, c'est goutte à goutte qu'on verse le chloroforme. Dans ces conditions le sujet respire la vapeur
anesthésiante mélangée à l'air, son organisme s'imprègne lentement sans à-coups. L'anesthésie par ce
moyen demande environ dix minutes à s'établir; il
ne suffit plus alors pour maintenir le sommeil que
d'administrer de temps à autre une nouvelle dose de
chloroforme (dose d'entretien).

Ce serait le lieu de parler ici de la méthode des
mélanges titrés, découverte par Paul Bert, qui permet de régler exactement la pénétration des vapeurs
anesthésiques.

Malheureusement cette méthode, qui nécessite
l'emploi d'appareils fort coûteux, ne peut recevoir
aucune application en médecine vétérinaire.

IV. — Action du chloroforme sur la circulation et la respiration.

Lorsque l'anesthésie par le chloroforme se passe
avec régularité, on peut constater que les battements du cœur ont acquis une énergie plus grande.

Le pouls est plein et serré. Si l'anesthésie est poussée trop loin et si l'empoisonnement est proche, on voit la pression diminuer, et les battements du cœur s'affaiblir graduellement. Au début de l'anesthésie, on peut se rendre compte que les petits vaisseaux se dilatent, mais cette vaso-dilatation est de courte durée, la vaso-constriction apparaît bientôt. Le resserrement des petits vaisseaux est la règle quand l'administration du chloroforme a été faite avec précaution.

La pâleur du visage qu'on constate chez l'homme soumis aux inhalations de chloroforme, l'aspect cadavérique que prend sa physionomie, sont la conséquence de cette vaso-constriction.

Le chloroforme est donc un anémiant, en resserrant les vaisseaux il expose moins aux hémorragies. C'est là un grand avantage pour la pratique chirurgicale.

A propos des accidents de l'anesthésie nous avons étudié les influences fâcheuses que le chloroforme pouvait parfois exercer sur la circulation et la respiration. Nous nous dispenserons d'y revenir. Nous dirons seulement que la respiration est modifiée dans son rythme chez l'animal endormi par le chloroforme. La respiration thoracique est à peu près nulle, c'est la respiration abdominale qui prédomine, en s'effectuant en deux temps comme par secousse.

V. — Des phénomènes qui précèdent, qui accompagnent et qui suivent l'anesthésie par le chloroforme.

Dans l'exposé des phénomènes de l'anesthésie que nous avons fait à propos de la physiologie de cette opération, c'est surtout l'anesthésie par le chloroforme qui nous a servi de modèle. Aussi pourrons-nous résumer ici. Quoi qu'il en soit, la période d'agitation ne fait jamais défaut, tous les animaux sont violemment excités et se débattent. Il arrive, ainsi que j'ai pu m'en assurer bien des fois, que le chien reste quelques secondes sans respirer et qu'il essaie ainsi d'empêcher l'accès des vapeurs chloroformiques. Mais quand l'asphyxie commence à le gagner, on le voit effectuer des mouvements respiratoires très profonds et le chloroforme se trouve alors entraîné. Le calme survient assez vite. C'est sur l'état du réflexe oculo-palpébral qu'il faut se guider pour ne pas dépasser la dose de chloroforme nécessaire. Dès que ce réflexe a disparu, il est de toute nécessité de cesser les inhalations. De même il faut surveiller l'état de la pupille qui durant la période d'anesthésie confirmée doit rester contractée fortement.

Le chloroformisateur ne doit pas un seul instant

perdre de vue les mouvements de la respiration ; dès que celle-ci lui semblera près de s'éteindre il devra pratiquer la respiration artificielle.

Une fois l'anesthésie obtenue il suffira pour l'entretenir de quelques gouttes de chloroforme versé par intervalles sur la compresse.

Autant qu'il sera possible, on évitera de faire durer l'anesthésie un temps trop long, car la chloroformisation trop prolongée entraînerait la mort du sujet.

Parmi les phénomènes accessoires qu'on peut constater au cours de l'anesthésie par le chloroforme, il faut citer spécialement l'hypersécrétion des glandes salivaires. Sur le chien qu'on endort, on voit deux longs filets de salive couler continuellement de la commissure des lèvres. Ces sécrétions si elles ne gênent pas dans la plupart des cas, peuvent dans certaines circonstances devenir un obstacle à la respiration, il devient alors nécessaire de les enlever.

Le réveil d'un animal qui a été soumis aux inhalations de chloroforme est rapide. L'élimination de ce produit se fait vite, elle s'effectue à la fois par les poumons et par la muqueuse de l'estomac, c'est ce qui explique les vomissements que l'on constate chez l'homme notamment et souvent aussi chez le chien à la suite de l'anesthésie. Un quart d'heure

après les inhalations, le chien est capable de se tenir
debout; pour le cheval, il faut un peu plus longtemps, une demi-heure environ.

On a fait au chloroforme le reproche d'occasion-
ner un trop grand nombre d'accidents et l'on a tenté
de lui substituer l'éther. Les statistiques qui éta-
blissent la mortalité due à cette substance chez
l'homme ont été faites avec beaucoup de soin, elles
montrent que le chloroforme est beaucoup plus dangereux que l'éther. Pour nos animaux les statistiques font défaut, mais il m'est permis de dire que
le chloroforme a sa nécrologie chez eux tout comme
dans la médecine de l'homme. Nous avons déjà dit
que les impuretés du chloroforme ne sont pas les
seules causes de ces accidents; il faut faire intervenir également la sensibilité spéciale à chaque individu.

On se mettra à l'abri des accidents de l'anesthésie par le chloroforme en suivant les indications que
j'ai données et que je résume ici :

1° Se servir d'un chloroforme absolument pur;

2° L'administrer goutte à goutte et non pas par
doses massives;

3° Permettre en même temps que l'entrée des
vapeurs anesthésiques l'accès d'une certaine quantité d'air;

4° N'apporter aucun obstacle aux mouvements de

la respiration et spécialement au moment de l'expiration ;

5° Surveiller attentivement les mouvements respiratoires ;

6° Cesser les inhalations dès que le réflexe oculo-palpébral a cessé de se produire ;

7° En cas de syncope respiratoire pratiquer immédiatement la respiration artificielle ou les tractions rythmées de la langue.

VI. — Des contre-indications de l'anesthésie par le chloroforme.

On ne devra pas pratiquer l'anesthésie par le chloroforme chez les sujets porteurs de lésions du cœur ou de l'appareil respiratoire. L'expérience a en effet démontré que l'emploi du chloroforme chez ces animaux exposait à des accidents mortels. Tout récemment encore, Guinard a appelé l'attention sur ce point. Il a vu sur une série d'animaux atteints de bronchite ancienne, de pleurésie chronique, d'insuffisance mitrale, de péricardite, de myocardite avec hypertrophie, que tandis que l'emploi de l'éther était sans danger, l'anesthésie par le chloroforme pouvait être très dangereuse au point de tuer les animaux d'une manière foudroyante. De même dans les cas de congestion pulmonaire, à la suite d'hémorragies abondantes, de plaies pénétrantes de la poitrine et de l'abdomen, l'anesthésie par le chloroforme doit être laissée de côté.

VII. — Anesthésie des animaux domestiques au moyen du chloroforme.

Cheval. — Le cheval supporte bien le chloroforme, c'est à cet anesthésique qu'il faudra avoir recours quand on voudra obtenir la narcose complète. Le professeur Moller, de Berlin, donne dans le *Monatshefte für praktische Thierheilkunde* le résultat de ses expériences. Il a endormi au moyen du chloroforme 126 chevaux, dont 31 étalons, 38 juments, 57 hongres.

La quantité moyenne de chloroforme employé a été de 110 grammes. Dans ces conditions l'anesthésie a été poussée jusqu'à la disparition du réflexe cornéen et a duré environ 20 minutes. L'auteur a mis environ le même temps pour produire le sommeil. Il a constaté que les jeunes chevaux de 1 à 2 ans sont anesthésiés avec une dose de 15 à 20 grammes et en moins de 7 ou 8 minutes. L'auteur a anesthésié environ 200 chevaux sans avoir à déplorer un seul cas de mort, ni d'accident consécutif. Il a pu poursuivre l'anesthésie pendant deux heures sans voir aucun symptôme alarmant survenir.

Almy et moi avons repris ces expériences, et nous avons constaté tous les phénomènes annoncés par Moller. Durant l'administration du chloroforme, on constate toujours des mouvements des yeux (nystagmus). Le pirouettement se ralentit à mesure que l'anesthésie s'établit et cesse quand elle est confirmée. Alors la paupière supérieure s'abaisse. La période d'excitation qu'on constate au début dure quelques minutes. L'anesthésie du cheval par le chloroforme mériterait donc d'être pratiquée plus souvent.

CHIEN. — L'anesthésie du chien au moyen du chloroforme s'obtient très rapidement et sans danger si l'on a eu soin de suivre toutes les indications édictées.

Cependant, il ne faut pas oublier que le chien est suffisamment sensible aux vapeurs de chloroforme; et qu'il faut une certaine habitude pour pratiquer sur lui l'anesthésie chloroformique. La période d'excitation n'est pas de longue durée, une ou deux minutes à peine. Dix minutes suffisent en général pour obtenir la narcose complète avec une dose moyenne de 15 grammes de chloroforme.

L'anesthésie peut sans danger durer une heure environ. En raison des accidents qui peuvent accompagner l'anesthésie au chloroforme chez le chien, les praticiens peu habitués devront avoir recours

à la méthode mixte (morphine-atropine-chloro-
forme) qui les mettra à l'abri de tout danger. Voir
au chapitre des *Méthodes mixtes*.

CHAT. — Nous connaissons les moyens d'administrer le chloroforme à cet animal. Il faut se souvenir que le chat est très sensible à ce produit et que
souvent il meurt au cours de l'anesthésie.

Il faut donc agir avec prudence et redoubler de
précautions.

CHAPITRE IV

DU CHLORAL

I. — Propriétés physico-chimiques du chloral.

Le chloral a été découvert en 1832 par Liebig,
ses propriétés physiologiques et thérapeutiques l'ont
été en 1869 par Liebreich. L'hydrate de chloral se
présente tantôt sous forme de masses constituées
par des lames prismatiques rhomboïdales accolées,
tantôt au contraire sous l'aspect de petits cristaux
offrant une grande ressemblance avec certains sels
à base alcaline.

A la température ordinaire, il se volatilise à la
façon du camphre. Son odeur est vive et péné-
trante. Il est très soluble dans l'eau, l'alcool, l'éther
et le chloroforme. La solution aqueuse d'hydrate de
chloral doit être neutre et doit ne pas précipiter par
le nitrate d'argent. Enfin, le chloral fond à $+ 46°$ et
bout entre $+ 97°$ et 98°.

II. — Effets physiologiques du chloral.

1° *Sur la circulation centrale et périphérique.* — Lorsqu'un animal a reçu du chloral en injection intraveineuse, il est facile de s'assurer que le cœur, au début, se contracte avec une énergie plus grande. Puis, peu à peu, au fur et à mesure que l'anesthésie se confirme, on voit ses battements perdre leur énergie et s'affaiblir considérablement. En même temps, le nombre des battements du cœur subit une modification. Sensiblement diminués au début ils s'accélèrent dans la période d'anesthésie. Si l'animal a reçu une dose toxique de chloral, à l'accélération des mouvements du cœur, succède son arrêt complet. Mais c'est sur la circulation périphérique que le chloral exerce une action qu'il importe au chirurgien de bien connaître. La pression artérielle s'abaisse et cet abaissement est sous la dépendance de la dilatation des petits vaisseaux.

On voit les tissus se congestionner, la peau et les muqueuses s'injecter vivement. On a même pu comparer la vascularisation de l'œil et de l'oreille chez le lapin qui a reçu du chloral à celle qui fait suite à la section du grand sympathique cervical. Cette vaso-dilatation constitue un grave inconvénient de l'anesthésie chloralique. Les plaies saignent au moindre attouchement et les hémorragies n'ont que peu de tendance à s'arrêter.

2° *Sur la respiration* — Le chloral, au début, accélère un peu la respiration, puis la ralentit pendant la période anesthésique. Il n'est pas rare de voir survenir, au cours des injections intraveineuses de chloral, des arrêts des mouvements respiratoires.

Si la dose n'est pas toxique, la respiration reprend ; au contraire, si la quantité de chloral injecté est trop forte, la respiration s'arrête définitivement. Il arrive que sous l'influence du chloral la respiration devient saccadée, irrégulière ; quand ces irrégularités se constatent, au cours de la chloralisation, le meilleur moyen d'y remédier consiste dans l'emploi de la respiration artificielle ou des tractions de la langue.

3° *Sur les autres fonctions.* — Le chloral, comme les autres anesthésiques, produit un abaissement de température. Cet abaissement peut atteindre dans certains cas deux ou trois degrés. Les causes de ce refroidissement sont : d'abord le rayonnement considérable par la peau dont les vaisseaux sont dilatés; puis la diminution des combustions intra-organiques.

Pendant l'anesthésie chloralique, comme pendant l'anesthésie par le chloroforme ou l'éther, la pupille est fortement contractée. On a signalé ce fait cu-

rieux, c'est que chez l'animal chloralisé, l'insensibilité de la cornée se fait avant celle de la peau. Enfin
il est bon de rappeler que le chloral provoque chez
les animaux qui en ont reçu une dose anesthésique.
de l'hématurie qui disparaît très rapidement.

III. — Mode d'action du chloral.

En présence des carbonates alcalins, le chloral est
capable de se décomposer en chloroforme et en
formiate.

Pour Liebreich c'est cette décomposition, que
subit le chloral en présence des carbonates alcalins
du sang, qui explique ses effets anesthésiques. Le
chloral n'est plus guère envisagé, par conséquent,
que comme une source de production de chloroforme qui, seul, est capable d'expliquer les effets
physiologiques observés.

Cependant, un certain nombre d'auteurs rejetèrent
cette théorie et admirent que le chloral agissait par
lui-même sans qu'il fût besoin d'invoquer un dédoublement.

Personne, Horand et Follet démontrèrent par des
expériences très délicates et très bien menées, que
le sang d'un animal empoisonné par l'hydrate de
chloral renferme une substance volatile qui, si on
la décompose par la chaleur, fournit du chlore

décelable par le nitrate d'argent. Ils démontrèrent de plus que des vapeurs de chloral traitées également par la chaleur (tube porté au rouge) ne dégagent pas de chlore et que la solution de nitrate d'argent dans laquelle on les reçoit, reste parfaitement limpide.

Sans vouloir entrer dans l'exposé des idées de ceux qui combattirent cette théorie, disons que Gubler repoussait absolument la nécessité du dédoublement du chloral.

C'était aussi, du reste, l'opinion de Claude Bernard et de Vulpian. Quoi qu'il en soit de ces discussions, c'est à la théorie du dédoublement du chloral en chloroforme et formiate alcalin, qu'il faut se rattacher. Arloing est parvenu à démontrer que les modifications qui surviennent chez un animal chloralisé, sont la résultante de l'action du chloroforme et des formiates alcalins. C'est ainsi que la vaso-dilatation, l'abaissement de la pression artérielle, l'augmentation de la vitesse du sang, et aussi les modifications observées du côté de la respiration chez un animal chloralisé, s'expliquent par l'action des formiates alcalins ; tandis que la suppression de la sensibilité est le fait de la présence du chloroforme.

D'autre part, la preuve de la nécessité du dédoublement du chloral, pour produire l'anesthésie, réside dans cet autre fait, à savoir que tandis que le chloroforme et l'éther abolissent les mouvements de la sensitive, le chloral déposé sur les racines de la plante ne fournit pas le même résultat. La raison de cette différence est que les tissus de la sensitive ayant une réaction acide, le dédoublement du chloral est impossible, tandis qu'il a lieu chez les animaux dont le milieu interne est alcalin. Arloing s'est encore assuré que la quantité de chloroforme formé par le dédoublement du chloral, est plus que suffisante pour produire l'anesthésie. Ici, de plus, intervient cette condition importante que la déperdition du chloroforme est impossible et que le médicament agit par toute sa masse sur les centres nerveux qu'il imprègne (1).

IV. — Mode d'administration du chloral.

Le chloral, si l'on veut obtenir un effet anesthésique, ne doit s'administrer que dans le système veineux. Les injections sous-cutanées ont été depuis longtemps abandonnées et avec raison, à cause des phénomènes d'irritation qu'elles produisent. Les injections hypodermiques de chloral sont, en effet, suivies de phlegmons, de gangrène, de mortifica-

(1) *Comptes rendus de l'Académie des sciences*, 15 sept. 1879.

tion et de décollements considérables. Les seules voies d'administration du chloral sont l'estomac ou les dernières voies digestives ; les veines ou encore le péritoine.

Il est juste de déclarer que l'introduction du chloral dans l'estomac ou dans les dernières portions de l'intestin, sous forme de lavements, ne permet qu'une action analgésique et hypnotique qui n'est, en aucune façon, comparable à la véritable anesthésie. Dans le cas où l'on emploie cette voie d'introduction du médicament on se voit dans l'obligation, si l'on veut pousser jusqu'à la confirmation de l'anesthésie, d'associer le chloral à des médicaments comme la morphine, ou le chloroforme qui viennent renforcer son action. C'est du reste sur cette association qu'est basé l'emploi de certaines méthodes mixtes d'anesthésie dont nous parlerons plus loin.

Richet (*Société de biologie*, 1889) a proposé l'injection du chloral dans le péritoine des chiens sur lesquels il devait pratiquer des opérations. La dose à injecter est de 5 décigrammes de chloral par kilog. de poids d'animal. Je me suis assuré par diverses expériences que l'emploi de cette méthode amène une anesthésie profonde et de longue durée. C'est seulement dans le cas où la solution de chloral injecté était trop concentrée et les précautions aseptiques insuffisantes que les accidents ont apparu.

L'aiguille de la seringue à injection introduite à travers le plan musculaire de l'abdomen, refoule la portion d'intestin qu'elle rencontre sur son passage sans jamais la perforer. Par ce procédé, l'anesthésie est obtenue en moins de quatre minutes et persiste pendant plusieurs heures sans discontinuer. A l'article ANESTHÉSIE du *Dictionnaire de Physiologie*, Richet déclare qu'après de nombreux essais la dose de chloral en injection intra-péritonéale lui paraît devoir être pour le chien de 35 centigrammes par kilogramme de poids. Chez les très jeunes chiens cette dose est un peu forte, il faut la réduire à 30 centigrammes. Chez les vieux chiens, au contraire, il faut avoir recours à la dose de 40 centigrammes. Le *chat* recevra 20 centigrammes par kilogramme, enfin les *oiseaux* recevront en injection, dans le muscle grand pectoral, une dose qui ne dépassera pas 20 centigrammes par kilogramme de poids vif également.

L'*injection intraveineuse* de chloral serait incontestablement le meilleur moyen d'anesthésie à employer chez nos animaux domestiques, si les accidents consécutifs à son emploi n'étaient pas si faciles à se produire. En effet l'injection de 100 grammes de chloral dans la jugulaire du cheval suffit pour amener la narcose complète en trois ou quatre minutes après une période d'excitation nulle ou insignifiante.

Malgré cela, les chirurgiens-vétérinaires sont loin d'adopter pour leurs opérations, l'usage du chloral. Outre que son emploi exige une certaine habileté dans la pratique des injections intraveineuses, la causticité du produit devient assez souvent la cause d'accidents survenant, soit au cours de l'anesthésie soit consécutivement à celle-ci.

Il n'est pas rare de voir survenir au moment de l'injection, des arrêts de la respiration qui peuvent persister malgré l'emploi de la respiration artificielle (cas rapporté par Cadiot, *Bulletin de la Société centrale*, 8 juin 1893). Enfin, si quelques gouttes de la solution anesthésique ont pénétré dans le tissu conjonctif sous-cutané, on voit se produire, quelques jours après l'injection, une tuméfaction énorme de la région jugulaire, accompagnée de lésions nécrosiques très étendues.

Mais si ce sont là les accidents à redouter dans l'anesthésie chloralique, il est important de poser les règles qui permettent de les éviter.

Cheval. — Sur le cheval l'injection doit se pratiquer dans la jugulaire. Après avoir parfaitement déterminé sur l'animal couché sur le lit de paille, le trajet de la veine, on procède à l'asepsie de la région. Les poils sont coupés et la peau est lavée avec une solution antiseptique de sublimé à 1 p. 1000 ou de crésyl à 4 p. 100. Un aide comprime la jugu-

laire en bas de l'encolure. L'opérateur introduit
alors dans le vaisseau une aiguille longue d'environ
10 centimètres munie d'un trocart. L'introduction
de cette aiguille doit se faire le plus obliquement
possible, de façon à arriver dans l'axe du vaisseau.
On s'assure que l'aiguille a pénétré dans la veine :
en retirant le trocart, du sang doit alors s'écouler.
Les choses étant ainsi préparées, on adapte à l'aiguille la seringue qui renferme la solution anesthésique et on pousse lentement l'injection. L'extrême
lenteur est absolument nécessaire si l'on ne veut
pas voir survenir la syncope cardiaque au moment
où la substance anesthésique arrive au contact de
l'endocarde. En effet, l'endocarde trop fortement
impressionné, transmet au bulbe par la voie des
nerfs sensitifs l'excitation qu'il a reçue et celui-ci
réagit à son tour en modérant ou même en arrêtant
complètement les battements du cœur. De même, il
faut arrêter l'injection au moment où l'on entend
des borborygmes intestinaux, c'est là le signe qui
indique que l'anesthésie est près de se confirmer.
Si l'on continuait l'injection on risquerait de voir
survenir l'arrêt de la respiration qui se produit
chaque fois que l'on dépasse la dose anesthésique.
Lorsque l'on veut retirer la canule il faut procéder avec précaution si l'on tient à éviter l'introduction du chloral dans le tissu conjonctif sous-cutané

4

de l'encolure ainsi que les accidents de mortification qui en sont la conséquence. Pour cela il faut avoir soin de déterger la canule avec du sang veineux qu'on laisse couler pendant quelques secondes par l'orifice supérieur. Dans ces conditions, on peut être sûr que toute trace de chloral a disparu et on peut procéder à l'enlèvement de l'aiguille.

MM. Cadéac et Malet ont voulu se rendre compte si l'emploi du chloral en injection dans la trachée était à recommander dans la pratique de l'anesthésie chirurgicale chez le cheval. Ils ont constaté que l'injection intratrachéale de 35 grammes de chloral associés à $0^{gr},50$ de chlorhydrate de morphine, était suivie d'une anesthésie parfaite. L'insensibilité et la résolution musculaire étaient absolues. Ce serait donc un procédé recommandable si des accidents graves n'intervenaient plus tard. En effet, on voit survenir à la suite de ces injections chloraliques, des lésions des organes de la respiration. Ce sont des abcès, des foyers hémorragiques ou gangreneux, de l'hépatisation. C'est, on le voit, un procédé inutilisable.

Chien. — Chez le chien l'injection intraveineuse peut se pratiquer dans toutes les veines placées superficiellement.

Pour éviter les délabrements que nécessiterait l'injection dans la veine crurale, on a recours le plus souvent à la veine saphène externe et voici comment on procède :

On se sert d'une seringue armée d'une canule semblable à celle dont on se sert pour les injections hypodermiques. La veine saphène externe est rendue apparente par une friction de la région, puis elle est comprimée en deux points différents par le médius et l'index de la main gauche. Cette portion de veine ainsi limitée se gonfle et permet à la canule de la seringue de s'introduire facilement par ponction à travers la peau. Quand l'injection est terminée, il suffit de retirer la canule. L'écoulement du sang est le plus souvent nul en raison du retrait des parois du vaisseau. Si l'on voulait pratiquer l'injection dans la jugulaire on pourrait procéder comme précédemment, mais il serait de sage précaution de mettre la veine à nu sur une très petite longueur. Il suffirait pour cela de faire une simple incision de la peau, sur une étendue de 2 centimètres au maximum, en suivant le trajet du vaisseau.

Doses. — Lorsqu'on veut pratiquer les injections intraveineuses de chloral on fait usage de solutions au tiers, au quart ou au cinquième.

Pour le cheval	100 à 150	grammes.
Pour le porc	10	—
Pour le chien	4 à 6	—

CONCLUSION. — L'anesthésie par le chloral se recommande chez nos animaux, à cause de la facilité avec laquelle elle se produit. Mais il ne faut pas perdre de vue qu'elle exige de grandes précautions en raison de l'emploi de la méthode des injections intraveineuses, qu'elle nécessite, et des propriétés propres du chloral.

D'autre part, il faut savoir que le chloral ne permet pas l'économie du sang, par la dilatation des petits vaisseaux, qu'il provoque. Il facilite les hémorragies qui affaiblissent les malades et apportent un obstacle aux manœuvres de l'opération.

CHAPITRE V

DE L'ÉTHER

I. — Propriétés physico-chimiques.

L'éther ordinaire $C^4H^{10}O$, encore appelé oxyde d'éthyle ou éther sulfurique, prend naissance dans l'action à 140° de l'acide sulfurique sur l'alcool. C'est un liquide incolore, pourvu d'une odeur caractéristique, très mobile, plus léger que l'eau, de densité 0,723 à 12°. Il entre en ébullition à 35°. Quand il est pur, il n'est pas solidifiable, quelle que soit la température. Soluble dans 10 parties d'eau, l'éther est miscible à l'alcool. Il dissout les graisses, les résines, l'iode, le brome et certains sels minéraux tels que les chlorures d'or, de fer et de mercure et l'azotate de mercure. Les vapeurs que dégage l'éther sont très inflammables ; elles forment avec l'air un mélange détonant, aussi faut-il éviter de pénétrer avec une lumière dans les locaux où l'on conserve de grandes quantités de ce produit.

II. — Action de l'éther sur la circulation centrale et périphérique, sur la respiration et la calorification.

Si, à l'exemple d'Arloing, on prend des tracés cardiographiques au moyen des sondes intracardiaques de Chauveau et Marey avant et après l'administration de l'éther (dans le cas des expériences d'Arloing, l'éther était injecté dans les veines), on peut se rendre compte des modifications apportées au jeu du cœur. Tout d'abord on constate une accélération des battements du cœur, la force des systoles est accrue dans une grande mesure. On voit encore que la pression baisse dans le ventricule droit. Cette augmentation de pression dans le ventricule droit montre que la circulation pulmonaire est activée sous l'influence de l'éther. Si l'on étudie ce qui se passe du côté de la pression et de la vitesse du cours du sang dans les artères sur un animal soumis à l'action de l'éther, on s'assure qu'à une légère augmentation de pression coïncidant avec un faible accroissement de la vitesse constante, succèdent bientôt une chute de la pression et une augmentation de la vitesse. La courbe de la pression veineuse s'élève énormément et on peut constater sur elle le retentissement des pulsations artérielles. Ainsi donc, le premier effet est un effet vasoconstricteur, les petits vaisseaux sont vivement resserrés ; mais cet état d'anémie n'est pas de longue durée et la vaso-dilatation ne tarde pas à s'établir. La conclusion de ces observations faites sur l'état du cœur et des petits vaisseaux sous l'influence de l'éther, est que cette substance favorise l'écoulement du sang et prédispose aux hémorragies. Il y a là une indication dont le chirurgien fera bien de tenir le plus grand compte quand il s'agira d'opérer sur une région richement vascularisée.

Arloing s'est assuré par d'ingénieuses expériences que le sommeil anesthésique obtenu par l'éther s'accompagne toujours d'hyperhémie cérébrale, contrairement à ce qui se passe pendant la chloroformisation.

On connaît les modifications que subit la respiration sur l'animal qui reçoit du chloroforme à dose toxique. Après une phase d'accélération pendant laquelle l'amplitude des mouvements est considérablement diminuée, survient une période où apparaissent des respirations entrecoupées, enfin tout mouvement s'arrête, la respiration est suspendue. Cette syncope respiratoire qui survient à la période ultime de l'anesthésie se produit avec le chloroforme deux ou trois minutes avant l'arrêt du cœur.

De telle sorte que l'opérateur, quand survient un pareil accident, a encore la ressource et l'espoir de rappeler le sujet à la vie en pratiquant la respiration artificielle ou en usant des différents moyens dont nous avons parlé plus haut. Avec l'éther, les phénomènes n'ont plus la même marche; si l'animal a reçu une dose toxique de ce produit, la respiration s'accélère, diminue d'amplitude, devient entrecoupée, il se fait surtout des pauses en expiration, puis finalement les mouvements du thorax s'arrêtent. Mais ici le cœur qui tout à l'heure attendait, quand il s'agissait du chloroforme, deux ou trois minutes avant de s'arrêter, s'arrête pour ainsi dire brusquement trente-cinq à quarante secondes seulement après la respiration. Il y a dans ces faits un enseignement très utile. Quand on aura recours à l'éther il sera indiqué de surveiller particulièrement, pendant la période d'anesthésie confirmée, le fonctionnement de l'appareil respiratoire; il faudra se souvenir que l'intoxication par l'éther se manifeste par un dénouement brusque et qu'il est très peu de chances de ranimer le sujet.

Comme dans les cas où l'anesthésie est produite avec le chloroforme ou le chloral, l'anesthésie obtenue avec l'éther est toujours accompagnée d'un abaissement de la température. Cet abaissement peut atteindre un degré en une heure ; il est du reste fonction de la durée et du degré de l'anesthésie. Ce refroidissement, ainsi qu'Arloing l'a démontré, est dû spécialement au ralentissement des oxydations intra-organiques qui s'ajoute à une diminution de l'absorption de l'oxygène dans le poumon.

III. — Marche de l'anesthésie. — Parallèle entre l'action du chloroforme et celle de l'éther.

La découverte de l'éther a précédé celle du chloroforme. A l'apparition de ce dernier, un grand nombre de chirurgiens l'adoptèrent définitivement, tandis qu'un moins grand nombre restèrent fidèles à l'éther. Il y a à cet égard deux camps bien tranchés, d'un côté celui qui reproche au chloroforme son action trop énergique et les dangers auxquels il expose, de l'autre celui qui considère l'éther comme un agent anesthésique peu sûr et à action trop infidèle. Il est certain que ce dernier produit est moins dangereux et a un passé moins sombre que le chloroforme. Toutefois, après de nombreux essais, je me crois en droit d'affirmer que l'éther est en médecine vétérinaire un anesthésique qu'il faut reléguer au second plan quand il s'agit particulièrement d'obtenir la narcose chez le cheval. Je signalerai au paragraphe qui traite de l'emploi de cet anesthésique sur les solipèdes le résultat des expériences que j'ai faites en collaboration avec mon excellent collègue Almy ; on pourra se rendre compte de la difficulté qu'il y a d'obtenir l'anesthésie complète en employant seulement l'éther.

Pour ce qui est de l'anesthésie du chien je partage l'opinion de mon collègue Guinard et je suis d'avis que l'emploi de l'éther par les moyens qu'il a préconisés et sur lesquels je reviendrai plus tard mérite d'être recommandé.

Voyons maintenant quelle est la marche des phénomènes qui se déroulent durant l'éthérisation. Dès le début des inhalations survient la période d'excitation ; celle-ci a une durée plus longue, elle est accompagnée de manifestations plus alarmantes que pendant la chloroformisation. L'animal exécute des mouvements désordonnés et pousse des cris répétés. On a pu dire que « l'éther dilate en quelque sorte l'anesthésie, l'étend en durée et en sépare les diverses phases » (Dastre). La marche de l'anesthésie par l'éther est toujours plus bruyante et plus longue qu'avec le chloroforme. Une fois la narcose obtenue, le sommeil est moins profond, il faut pour l'entretenir administrer de grandes quantités de substance.

L'éther expose moins que le chloroforme à la syncope cardiaque secondaire. Tandis que cette dernière survient inopinément dans la chloroformisation et qu'il n'y a qu'un intervalle de temps très court entre le moment où le cœur entre dans la

période de ralentissement et celui où il s'arrête :
avec l'éther, au contraire, le ralentissement cardiaque précède l'arrêt de l'organe d'un temps un peu
plus long et l'avertissement qu'en peut retirer l'opérateur devient d'autant plus profitable. Toutefois il
faut rappeler que la syncope tertiaire caractérisée
par l'arrêt de la respiration avant celui du cœur
survient plus brusquement avec l'éther (Arloing).

Pour ce qui est de la persistance des réflexes,
voici comment les choses se passent durant l'éthérisation : Le réflexe rotulien légèrement exagéré au
début diminue ensuite sans pour cela disparaître
même durant la phase d'anesthésie confirmée. A ce
moment le réflexe cornéen a perdu beaucoup de son
intensité. Au fur et à mesure que l'imprégnation de
l'organisme par l'éther progresse, on constate sur le
cheval en particulier des mouvements de pirouettement des globes oculaires identiques à ceux que
nous avons vus se produire durant l'action du chloroforme.

Quand la narcose est complète, les yeux sont en
strabisme divergent. La pupille toujours fortement
dilatée pendant la période d'excitation ne se contracte qu'au moment où l'anesthésie est confirmée.

En résumé : le chloroforme se recommande par
la rapidité de son action, par le peu de durée de la
période d'excitation, par l'action constrictive qu'il

exerce sur les petits vaisseaux. Il ne faut pas oublier cependant qu'il est d'un maniement dangereux et qu'il faut user dans son emploi de la plus grande prudence.

L'éther expose moins aux accidents, mais il ne faut pas perdre de vue que l'anesthésie est difficilement obtenue, qu'elle est moins profonde, qu'elle s'accompagne de la dilatation des vaisseaux périphériques et qu'enfin elle expose plus que le chloroforme aux accidents de syncope tertiaire.

IV. — Indications et contre-indications de l'éther.

A propos des indications du chloroforme, j'ai rappelé que cet anesthésique ne doit jamais être employé chez les sujets qui présentent des lésions des appareils circulatoire et respiratoire. Dans ces circonstances, s'il est nécessaire de pratiquer l'anesthésie, c'est à l'éther qu'il faudra s'adresser. M. Guinard, dans une très intéressante communication au Congrès de médecine interne de Lyon, 1894, a exposé le résultat de ses expériences sur ce point. Il en résulte que sur des animaux, chevaux, chiens, chats atteints d'emphysème pulmonaire, de pleurésie, de péricardite, de myocardite avec hypertrophie, l'éther avait été très bien supporté alors que le chloro-

forme amenait presque toujours une mort subite.
La seule contre-indication importante de l'éther
consiste à ne pas utiliser cet anesthésique dans les
cas où les hémorragies sont à redouter.

V. — Éthérisation du cheval.

L'éther a toujours été l'anesthésique le plus employé chez le cheval. Mais, il faut bien l'avouer, il
est rare que par ce moyen on obtienne une anesthésie complète. Almy et moi avons voulu nous
rendre compte de la valeur de l'éther en tant que
substance anesthésique pour le cheval. Dans une série d'expériences que je rappellerai plus loin, nous
avons obtenu des résultats qui sont loin d'être satis-
faisants. Nous nous croyons en droit d'affirmer que
l'éther ne doit pas être recommandé quand on veut
obtenir la narcose complète des solipèdes.

Mode d'administration de l'éther. — L'éther doit
s'administrer en inhalations. Le cheval à jeun est
abattu sur le lit de paille, on s'assure qu'il n'existe aucun obstacle au jeu régulier de la respiration. L'éther
est alors versé sur une éponge ou sur un morceau
d'étoupe qu'on approche des naseaux de l'animal.
On peut, à mon avis, plus commodément se servir
d'une serviette pliée de façon à lui donner la forme
d'une compresse de 20 centimètres carrés environ,

sur laquelle on verse l'éther qu'on place près des
naseaux du sujet. Il faut rejeter l'usage des masques
que certains ont recommandés. On peut avoir recours
également à l'appareil de Junker (voir fig. 3) qui nous
a servi dans quelques-unes de nos expériences.

Cet appareil, réduit à sa plus simple expression,

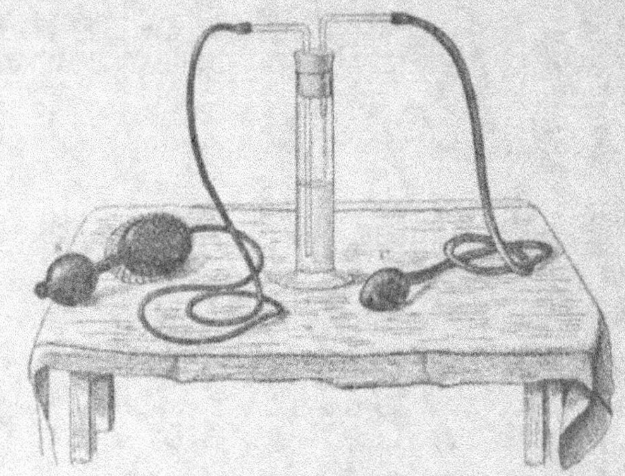

Fig. 3. — Appareil de Junker pour l'éthérisation du cheval.

se compose d'une éprouvette renfermant de l'éther
et munie à son extrémité libre d'un bouchon percé
de deux trous. Par l'un de ces trous passe un tube
de verre recourbé qui par une extrémité plonge jusqu'à la partie inférieure de l'éprouvette et par l'autre est mis en rapport avec une soufflerie de Richardson. L'autre trou livre passage à un second tube

dont l'une des extrémités dépasse à peine le bouchon, de façon à ne pas être en contact avec l'éther, tandis qu'à l'autre extrémité s'adapte un tube de caoutchouc terminé par un renflement piriforme qu'on introduit dans un des naseaux du cheval. Dans certaines de nos expériences, nous nous sommes servis de l'appareil de Junker, muni d'une double poire : une pour chaque naseau. Nous devons déclarer que l'emploi de cet appareil ne nous a pas mieux satisfaits que l'usage de la serviette que nous croyons devoir recommander.

La quantité d'éther employé a toujours été considérable sans pour cela obtenir la narcose absolue. On obtenait un certain degré d'insensibilité, mais le résultat n'avait rien de comparable avec celui que donnait l'emploi du chloroforme. La période d'excitation a toujours été de longue durée, le pirouettement des yeux s'est montré après environ un quart d'heure, sans jamais disparaître durant la durée des inhalations. Cette durée a atteint parfois une heure pour obtenir la confirmation de l'anesthésie.

Le réveil du cheval endormi à l'éther ressemble à celui du même animal soumis au chloroforme; cependant il nous a paru que le sujet éthérisé restait plus longtemps dans l'incapacité de se relever.

OBSERVATION I. — Cheval entier, âgé, du poids de 310 kilos.
On commence les inhalations d'éther à 9 heures du matin.
On cesse à 9 h. 55.
On a usé 635 grammes d'éther (procédé de la compresse).
Pas d'anesthésie confirmée ; réflexe oculo-palbébral intact.

OBSERVATION II. — Jument vieille, 294 kilos.
Les inhalations durent 40 minutes.
On a usé 310 grammes d'éther.
Pas d'anesthésie, Réflexe intact.

OBSERVATION III. — Cheval alezan, pur sang, quatre ans,
492 kilos ; atteint d'un fibrome éléphantiasique.
Les inhalations durent une heure.
On a usé 1 litre et demi d'éther sans obtenir l'anesthésie.

OBSERVATION IV. — Cheval âgé, 375 kilos.
On administre l'éther au moyen de l'appareil de Junker, à
double poire.
On fait durer les inhalations 45 minutes.
L'anesthésie n'est pas obtenue.
On a usé 500 grammes d'éther.

OBSERVATION V. — Cheval entier, âgé, 295 kilos.
On se sert du procédé de la compresse. Les inhalations
durent 40 minutes.
On use 495 grammes d'éther.
Ici on obtient presque l'anesthésie ; le réflexe oculo-palpé-
bral est très diminué.
On pratique la névrotomie médiane, le cheval réagit, mais
assez faiblement.

OBSERVATION VI — Cheval âgé, 315 kilos.
Les inhalations durent une heure.
On use 717 grammes d'éther.
Pas d'anesthésie. Persistance du réflexe.

OBSERVATION VII. — Cheval vieux, en bon état, 350 kilos.

Les inhalations durent 47 minutes.

On obtient un certain degré d'insensibilité, mais pas la confirmation de l'anesthésie.

On a usé 350 grammes d'éther.

VI. — Éthérisation du chien.

La méthode d'anesthésie par l'éther, qui réussit si peu sur le cheval, peut s'appliquer en tout avantage au chien. C'est même, avec certaines méthodes mixtes dont je parlerai plus loin, un des seuls moyens à recommander à ceux qui n'ont pas la grande habitude du chloroforme. L'éther demande toutefois à être employé dans des conditions qu'il est important de bien déterminer si l'on ne veut pas s'exposer à des mécomptes. On se souvient qu'au chapitre relatif à la chloroformisation, je recommande d'employer dans l'administration de ce médicament la méthode dosimétrique ou des gouttes, c'est-à-dire le procédé qui consiste à faire pénétrer les vapeurs de chloroforme lentement et mélangées à de grandes quantités d'air. Je préconisais ce mode d'administration par opposition au procédé de la sidération ou des doses massives qui expose aux accidents les plus graves. Or, c'est cette dernière méthode qu'il faut employer quand il s'agit de l'éther. Administrer cet anesthésique par le procédé des gouttes, c'est prolonger inutilement la durée des phases qui précèdent l'anesthésie. On entourera donc l'extrémité de la tête du chien dans une serviette formant capuchon, sur laquelle on aura versé au préalable de l'éther. On laissera la serviette en place jusqu'au moment où l'insensibilité apparaîtra.

En général, l'anesthésie s'obtient ainsi dans un temps qui varie entre 10 et 15 minutes, parfois moins : la période d'excitation apparaît très vite mais dure peu.

L'éthérisation du chien est donc un procédé très recommandable.

CHAPITRE VI

I. — L'anesthésie chez les ruminants et le porc.

L'emploi de l'anesthésie est très rare chez les ruminants et le porc. Ils sont cependant sensibles aux substances telles que le chloroforme, l'éther et le chloral. Le plus souvent, quand il est nécessaire d'obtenir un certain degré d'insensibilité, on laisse de côté les anesthésiques employés ordinairement et on a recours aux boissons alcooliques. On administre en breuvage une dose élevée de rhum, d'eau-de-vie ou de vin blanc. Après quelques minutes, l'ivresse qui commence amène un certain degré d'engourdissement très favorable à la pratique de l'opération. L'avantage de cette méthode réside encore dans ce fait, que la viande n'acquiert pas une odeur caractéristique qui la rendrait inutilisable comme dans le cas où l'on aurait recours aux véritables anesthésiques.

II. — Anesthésie du singe.

On a parfois besoin dans la pratique chirurgicale vétérinaire de faire certaines opérations sur des singes entretenus en captivité. L'anesthésie peut dans ces circonstances être très utile, surtout s'il s'agit d'un sujet irritable et agressif. On peut avoir recours au chloroforme. Voici comment il faut procéder : On enferme l'animal dans une cage de dimensions restreintes, qu'on recouvre d'une couverture. On jette à l'intérieur de cette cage quelques tampons d'ouate ou d'étoupe imbibés de chloroforme. Le singe ne tarde pas à être influencé par les vapeurs anesthésiques ; après une période d'excitation de courte durée, on le voit chanceler et tomber engourdi dans un coin de la cage. C'est le moment de s'en emparer et de faire l'opération tout en continuant les inhalations chloroformiques.

Dans un cas où il s'agissait de ponctionner un abcès qui siégeait au-dessus de l'œil sur un singe un peu difficile, j'ai eu recours avec succès à la morphine. J'injectai 3 centigrammes de chlorhydrate de morphine sous la peau. Un quart d'heure après, l'insensibilité était complète, et je pus pratiquer l'opération avec la plus grande sécurité.

On pourrait également avoir recours à l'emploi

du *chloralose* à la dose de 15 centigrammes qu'on administrerait dans du lait; une demi-heure après l'animal devient engourdi et très maniable. De même aussi on pourrait employer le sulfonal à la dose de 2 grammes pour un singe de 20 kilogrammes.

III. — Anesthésie des oiseaux.

Rarement employée. Pour la pratiquer, on place le sujet sous une cloche, où l'on a mis au préalable quelques tampons imprégnés de chloroforme. La narcose survient très vite. Il faut surveiller avec soin, afin de ne pas dépasser la dose.

Richet pour insensibiliser les canards et les poulets introduit directement dans l'œsophage 0 gr. 12 de chloralose, en faisant une boulette avec du pain. Une demi-heure après l'animal est devenu absolument insensible.

(Voir page 59 le procédé Richet.)

CHAPITRE VII

MÉTHODES MIXTES D'ANESTHÉSIE

I. — Association de l'atropine. de la morphine et du chloroforme.

A. *Généralités*. — Déjà, en 1864, Claude Bernard avait constaté que si on injecte dans les veines ou sous la peau d'un chien qui vient d'être chloroformé, du chlorhydrate de morphine, l'anesthésie reparaît avec toute son intensité. Le même fait fut constaté presque en même temps, par Nusbaum, de Munich, sur l'homme.

Il résulte donc de ces observations, que la morphine administrée à un animal placé sous l'influence du chloroforme, prolonge l'anesthésie, sans qu'il soit besoin de fournir une grande quantité de substance anesthésiante.

Dans une série de nouvelles expériences, Claude Bernard eut l'idée d'essayer une méthode inverse : d'injecter tout d'abord de la morphine, puis ensuite d'administrer du chloroforme. Les résultats furent excellents, il obtint de la sorte l'anesthésie après un temps très court, une période d'excitation pour ainsi dire nulle, et avec de très petites quantités de chloroforme.

Le procédé fut mis en application chez l'homme par MM. Guibert (de Saint-Brieuc), Labbé, Goujon. Avec cette méthode, on diminue dans une grande mesure les risques d'accidents qui surviennent quand il faut employer une grande masse de chloroforme. En même temps, on obtient une anesthésie rapide, à peu près dépourvue de la période d'excitation du début.

S'il en est ainsi, c'est que la morphine, injectée au préalable, a été agir sur les éléments sensitifs, dont elle a amoindri l'irritabilité. De la sorte, on conçoit bien qu'il suffit d'une quantité de chloroforme relativement faible pour obtenir la confirmation de l'anesthésie, puisque ce médicament vient agir sur des éléments déjà préparés à subir son action.

Mais, il ne faut pas l'oublier, si la morphine, associée au chloroforme, est excellente pour produire l'anesthésie, il s'en faut encore que ce soit là un procédé à l'abri de tout reproche.

Les syncopes cardiaques et respiratoires qui constituent particulièrement les aléas de la chloroformisation, peuvent encore très bien survenir. D'autre part, la morphine augmente, dans une certaine mesure, les vomissements qui suivent presque toujours l'anesthésie par le chloroforme.

B. *Perfectionnement de la méthode*. — C'est alors que MM. Dastre et Morat ont proposé d'associer l'atropine à la méthode morphine-chloroforme de Claude Bernard. Si l'on se reporte aux propriétés de l'atropine, on voit que ce médicament agit sur le cœur d'une façon toute spéciale. Après son absorption, les pneumogastriques deviennent inexcitables, toute irritation de ces nerfs, qui, avant l'atropinisation, était suivie du ralentissement ou de l'arrêt de l'organe central de la circulation, est nulle et non suivie d'effets. L'administration de l'atropine correspond véritablement à la section des nerfs vagues. On conçoit l'importance d'une pareille propriété, et son application possible à la pratique de l'anesthésie.

On a vu, au chapitre relatif aux accidents de la chloroformisation, que les plus grands dangers consistent dans l'arrêt du cœur, qui peut survenir, soit au début de l'anesthésie (syncope cardiaque primitive), soit à une période un peu plus avancée (syncope cardiaque secondaire). Tous ces accidents surviennent à la suite de l'excitation du système modérateur du cœur, c'est-à-dire des nerfs vagues et de leurs noyaux d'origine dans le bulbe. Or, l'atropine place ce système modérateur dans un état d'inexcitabilité absolu, ce qui met le sujet en expérience à l'abri des accidents de syncope cardiaque.

Mode d'administration du mélange d'atropine et de morphine, et des inhalations de chloroforme chez le chien.

MM. Dastre et Morat, qui ont préconisé les premiers l'emploi de cette méthode mixte, recommandent d'employer les doses suivantes :

Un quart d'heure avant l'opération, le chien reçoit dans le tissu conjonctif sous-cutané une solution renfermant :

<pre>
Chlorhydrate de morphine.................... 2 gr.
Sulfate d'atropine.......................... 0 gr. 02
Eau distillée............................... 100 gr.
</pre>

La dose nécessaire pour obtenir le maximum d'effet serait, d'après ces auteurs, de 1 centigramme de chlorhydrate de morphine et 1 milligramme de sulfate d'atropine par kilogramme de poids de l'animal.

Un chien qui pèserait 20 kilogrammes devrait donc recevoir en injection hypodermique 10 centimètres cubes de cette solution. Le point essentiel est de laisser *largement un quart d'heure et davantage*, entre le moment où l'on fait l'injection et celui où l'on commence les inhalations de chloroforme, de façon à être sûr que le mélange d'atropine et de morphine a été absorbé. C'est seulement à ce moment qu'il faut faire les inhalations chloroformiques.

Quelques centimètres cubes de chloroforme suffisent pour obtenir une anesthésie complète, sans alerte et durable.

Les doses indiquées par les auteurs de la méthode que je viens de rappeler, sont évidemment des doses permises, on peut les employer sur le chien, sans craindre de voir survenir des accidents, mais elles ont le grand inconvénient de saturer de morphine l'organisme de l'animal et de faire naître un état d'intoxication morphinique qui peut durer un jour et davantage. De plus l'animal met un temps très long à revenir à l'état de veille.

J'ai, au laboratoire de mon maître M. le professeur Kaufmann, employé depuis quelques années, dans ma pratique expérimentale, la méthode mixte de Dastre et Morat, et j'ai pu m'assurer qu'on obtient encore tous les avantages de ce procédé en employant des doses d'atropine et de morphine de beaucoup inférieures à celles préconisées par ces auteurs.

J'ai pris l'habitude de me servir de doses 5 fois plus faibles que celles qu'indiquent ces derniers. C'est ainsi que le chien de 20 kilogrammes pris plus haut comme exemple, ne recevra plus que 2 centitimètres cubes de la solution d'atropine-morphine dont j'ai donné plus haut la formule.

La méthode atropine-morphine-chloroforme est de tous les procédés d'anesthésie du chien, celui qui mérite d'être le plus recommandé.

Ici point n'est besoin de craindre les accidents, si l'on s'en tient aux doses que j'ai indiquées.

Conclusion. — Je vais résumer ici en quelques propositions les avantages de la méthode mixte de Dastre et Morat :

1° Suppression de la période d'agitation du début, à cause de l'action hypnotique de la morphine qui prépare l'action du chloroforme.

2° Suppression des accidents de syncope cardiaque (primaire ou secondaire), puisque l'atropine abolit momentanément les propriétés des pneumogastriques et de leur noyau d'origine dans le bulbe.

3° Rapidité avec laquelle le sommeil est obtenu. Quelques minutes suffisent.

4° Économie de l'anesthésie. Quelques centimètres cubes de chloroforme sont seulement nécessaires pour obtenir le sommeil absolu.

Emploi de la méthode atropine-morphine-chloroforme chez le cheval.

Mon collègue Almy et moi, avons présenté, en

mai 1894, à la Société centrale de médecine vétérinaire, un travail sur l'emploi de la méthode de Dastre et Morat sur le cheval. Nous n'avons rien à y retrancher. Voici comment il faut agir : Le cheval sur lequel on doit opérer doit être à jeun et exempt de troubles respiratoires et cardiaques. Trente minutes environ avant l'abatage, on pratique une injection sous-cutanée de la solution suivante :

> Chlorhydrate de morphine........... 10 centigr.
> Sulfate neutre d'atropine............ 5 milligr.
> Eau distillée....................... 10 c. cubes.

C'est par une série de tâtonnements que nous sommes arrivés à déterminer la dose optima de morphine et d'atropine.

Il ne faut pas oublier que la morphine, qui est un hypnotique excellent pour le chien, devient au contraire un excitant pour les herbivores, quand la dose est un peu élevée. Nous pensons que cette dose de 10 centigrammes est suffisante pour obtenir des effets calmants et être à l'abri des accidents qui peuvent survenir durant la période de surexcitation morphinique.

Le cheval, une fois couché, est soumis aux inhalations; le meilleur mode d'administration consiste à se servir d'une serviette pliée en forme de compresse, de 20 centimètres carrés, sur laquelle on verse le chloroforme. La serviette est maintenue à quelques centimètres des naseaux, de façon à permettre l'introduction de l'air en même temps que celle des vapeurs anesthésiques. Il faut avoir soin d'éloigner toutes les causes qui pourraient gêner le fonctionnement de l'appareil respiratoire.

L'imprégnation des centres nerveux se fait progressivement. Le cerveau subit le premier l'action de l'anesthésique, la moelle vient ensuite.

Au moment donc où les vapeurs de chloroforme viennent impressionner le cerveau et la moelle, il n'est pas rare d'entendre le cheval pousser quelques hennissements, en même temps qu'il s'agite.

Ces périodes d'excitation cérébrale et médullaire sont de courte durée chez le cheval qui a reçu de la morphine. Nous ne les avons pas constatées dans tous les cas.

La respiration et la circulation, au début, ne semblent pas modifiées. Ce n'est qu'à une période plus avancée de l'anesthésie, au moment où la moelle commence à s'imprégner fortement, qu'on observe une accélération des battements du cœur coïncidant avec leur faiblesse.

Du côté de la respiration, si l'anesthésie devient trop profonde, il n'est pas rare de voir une accélération précéder de quelques instants l'arrêt de la fonction.

C'est cet accident qu'il faut éviter, l'œil du chloro-formisateur ne doit pas quitter le flanc du sujet qu'il endort, il doit en suivre tous les mouvements, et l'on peut dire que les indications fournies par l'appareil oculaire, en même temps que celles four-nies par le jeu de la respiration, sont les meilleurs guides dans la pratique de l'anesthésie.

Dès que celle-ci est confirmée, la respiration s'é-tablit suivant un rythme régulier.

Dès les premiers instants de l'administration du chloroforme, on constate, du côté de l'œil, des mou-vements dont les caractères méritent d'être étudiés.

C'est un mouvement de pirouettement que nous avons toujours observé. D'abord accéléré, il se ra-lentit graduellement pour s'arrêter tout à fait au moment où l'insensibilité est complète.

Nous ne craignons pas d'affirmer que ces mouve-ments des yeux constituent un excellent moyen de se rendre compte des progrès de l'anesthésie.

Dès que l'œil a cessé ces mouvements, la paupière supérieure s'abaisse.

Aussitôt que l'élimination du chloroforme a com-mencé, ces mouvements caractéristiques du globe oculaire recommencent.

Dans la plupart de nos expériences, nous avons poussé l'anesthésie jusqu'à la disparition du réflexe oculo-palpébral.

Quant à l'état de la pupille, les indications qu'elle fournit ne sont pas aussi nettes que dans la méthode d'anesthésie par le chloroforme seulement. Il nous a semblé que la pupille subissait une tendance au rétrécissement pendant la période d'anesthésie confirmée. A ce moment, la résolution musculaire est complète.

Pour nous rendre compte de l'insensibilité de l'animal, nous avons pratiqué dans la plupart de nos expériences la névrotomie radiale.

Nous avons piqué, pincé, dilacéré et coupé le nerf sans jamais avoir vu l'animal manifester la moindre douleur.

L'anesthésie a été obtenue en sept minutes environ, et la quantité de chloroforme, dans les douze cas que nous relatons, a été en moyenne de 61 grammes 25.

Nous avons obtenu l'anesthésie, dans un cas, avec 38 grammes (chiffre le plus bas), et avec 90 grammes dans un autre (chiffre le plus fort).

L'anesthésie terminée, il faut laisser le cheval vingt à trente minutes sur le lit de paille. Ce temps écoulé, les vapeurs de chloroforme sont éliminées, et l'opéré se relève facilement.

Emploi de la méthode atropine - morphine - chloroforme pour l'anesthésie du chat.

Pour le chat, on peut encore employer cette méthode. Guinard recommande seulement de ne pas dépasser la dose de $0^{gr},005$ de morphine par kilogramme d'animal. Après un quart d'heure, on enferme l'animal sous une cloche avec quelques éponges imprégnées de chloroforme. Quand les signes de faiblesse apparaissent, on enlève le chat de dessous la cloche et on continue encore quelques instants les inhalations chloroformiques.

II. — Association de la morphine, de la spartéine et du chloroforme.

MM. Langlois et Maurange (*Biologie*, 7 juillet 1884 ; *Archives de Physiologie*, oct. 1895), ont eu l'idée de remplacer l'atropine qui rentre dans le procédé de Dastre et Morat par le sulfate de spartéine.

Ce corps en effet agit énergiquement sur le cœur et les petits vaisseaux. Il régularise les mouvements du premier et resserre les seconds. Il accroît donc la pression artérielle. D'autre part, la spartéine diminue l'excitabilité des nerfs pneumogastriques. C'est cette dernière propriété que les auteurs ont utilisée. Ce procédé d'anesthésie a été mis en usage chez l'homme, le chien, et même le lapin dont la susceptibilité pour le chloroforme est bien connue. Dans tous ces cas l'anesthésie a été obtenue avec un plein succès. Voici quel est le mode d'administration qu'on emploie :

Le chien reçoit en injection sous-cutanée 1 centigramme de morphine et 3 centigrammes de sulfate de spartéine ; un quart d'heure après, quand l'absorption est opérée, on fait les inhalations de chloroforme. La narcose est obtenue rapidement et la quantité de chloroforme employé est toujours très

faible. Dans certains essais de MM. Langlois et
Maurange, l'anesthésie fut prolongée pendant deux
heures et davantage sans que le cœur diminuât
l'énergie de ses battements.

III. — Association du chloral au chloroforme.

Cette méthode mixte d'anesthésie préconisée chez l'homme par Forné (1874), consiste à faire des inhalations de chloroforme sur un sujet déjà préparé par l'administration du chloral. On conçoit très bien qu'il doit résulter de cette association une rapidité plus grande dans la production de la narcose, puisque le chloral a plongé le sujet dans un état hypnotique très favorable à l'action du chloroforme. On constate en effet qu'une très petite quantité de chloroforme est seulement nécessaire et que la période d'excitation du début fait presque complètement défaut.

Chez nos animaux cette méthode pourrait être employée avec beaucoup de raison.

Pour ma part, j'y ai eu assez souvent recours pour *l'anesthésie du chien.*

J'injectais dans les veines du sujet en expérience ou dans le péritoine une dose de chloral insuffisante à elle seule pour produire le sommeil, puis je complétais par des inhalations de chloroforme. J'ai employé ce procédé d'anesthésie chaque fois que je me voyais dans la nécessité de confier cette opération à une personne peu habituée et qui m'eût presque sûrement tué le sujet en expérience si je lui avais confié l'anesthésie par le chloroforme. Je n'ai eu dans ces circonstances qu'à me féliciter de cette méthode. Ce n'est pas cependant qu'elle soit exempte de dangers ; on lui a reproché particulièrement de ne pas mettre à l'abri des syncopes cardiaques si fréquentes au cours de la chloroformisation.

De même on retrouve ici tous les inconvénients du chloral, et notamment la tendance aux hémorragies.

Pour le cheval, quand l'opération à pratiquer exige l'anesthésie complète, on pourrait encore avoir recours à la méthode chloral-chloroforme.

Dans ce cas alors, on administrerait au sujet un lavement de chloral et on continuerait l'anesthésie au moyen du chloroforme.

IV. — Association de la morphine et du chloral.

Cette méthode mixte d'anesthésie a surtout été recommandée en chirurgie vétérinaire par MM. Cadéac et Malet (*Revue vétérinaire*, 1884). Ces auteurs répétèrent un assez grand nombre d'expériences et tentèrent notamment d'administrer le mélange morphine-chloral par la voie trachéale. Ils durent renoncer à ce mode d'administration, bien que l'anesthésie fût obtenue le plus facilement du monde, en raison des accidents inflammatoires que l'action irritante du chloral faisait naître au niveau du poumon.

Ils s'adressèrent alors à la voie digestive.

Voici comment ils recommandent d'agir :

Pour un chien de 19 kilos (je prends les chiffres de MM. Cadéac et Malet). Injection dans le tissu conjonctif sous-cutané de 10 centigrammes de chlorhydrate de morphine. Environ dix minutes après, l'animal reçoit un lavement contenant en solution 20 grammes d'hydrate de chloral. Au bout d'un quart d'heure l'anesthésie est complète et persiste pendant longtemps.

Pour le cheval, MM. Cadéac et Malet agissent de la même manière. Les quantités de chlorhydrate de morphine qu'ils injectent atteignent dans une de leurs expériences la dose de 1 gramme.

Le lavement qui suit l'injection de morphine renferme 120 grammes de chloral. De la sorte, ils obtiennent la narcose parfaite.

Voici, du reste, quelques-unes des conclusions des auteurs en question, je copie textuellement :

1° L'action combinée du chloral et de la morphine peut suppléer avantageusement chez nos animaux domestiques celle des inhalations d'éther ou de chloroforme ;

2° Administrés par la bouche, le chloral et la morphine anesthésient le chien, mais n'insensibilisent le cheval qu'imparfaitement ;

3° Donnés sous forme de lavements, ces deux agents mélangés n'anesthésient ni le chien, ni le cheval ;

4° Les doses étant les mêmes, les effets sont sensiblement plus accusés lorsque la morphine est injectée sous la peau, quelle que soit la voie d'administration du chloral ;

5° On obtient l'anesthésie parfaite en combinant l'injection sous-cutanée de morphine avec l'administration d'un lavement de chloral ;

6° Il est avantageux de laisser un intervalle de quelques minutes entre l'injection sous-cutanée de morphine et le lavement de chloral ;

7° L'innocuité des lavements et la facilité de leur administration nous font préférer la voie rectale à toute autre, les animaux déjà sous l'influence de la morphine ne rejetant pas les lavements, comme on pourrait le croire.

Le procédé préconisé par MM. Cadéac et Malet me paraît très applicable *au chien* sur lequel la morphine agit comme hypnotique. Dans ces conditions le chloral vient ajouter son action à celle de la morphine.

Pour le cheval, les doses de morphine me semblent singulièrement élevées et très capables de produire des accidents. La morphine chez les solipèdes est susceptible, ainsi que l'ont montré M. Kaufmann et M. Guinard, de provoquer une période d'excitation qui dure parfois longtemps et qui n'est pas sans être inquiétante. Je crois qu'on pourrait, sans perdre les bénéfices de la méthode, diminuer la dose de morphine.

Je rappellerai à ce sujet les expériences que j'ai faites avec Almy sur l'application au cheval de la méthode atropine-morphine-chloroforme. Nous injections sous la peau, dans nos essais préliminaires, des doses massives du mélange. Dans une de nos tentatives, la période d'excitation morphinique fut telle que nous eûmes toutes les peines du monde à empêcher le cheval de se tuer.

A partir de ce moment, nous diminuâmes progressivement la dose, pour nous en tenir à celle que nous avons indiquée dans ce procédé d'anesthésie.

Nous vîmes alors que cette excitation ne se produisait plus, et qu'en même temps la narcose s'obtenait dans les conditions que la théorie avait fait prévoir.

Pour terminer, je rappellerai que dans le procédé Richet (*injection intra-péritonéale*), on associe la morphine à l'hydrate de chloral. Voici les doses recommandées par cet auteur :

        Hydrate de chloral.................... 5 décigr.
        Chlorhydrate de morphine........... 0 gr. 0025

par kilogramme de poids d'animal.

Ce procédé n'est applicable qu'au chien et au chat (voir page 59).

V. — Association de l'éther et du chloroforme.

J'ai proposé d'avoir recours, pour l'anesthésie du *chien*, aux mélanges d'éther et de chloroforme. Depuis la publication de ma note (*Bulletin de la Société centrale de médecine vétérinaire*, janvier 1895), j'ai eu au laboratoire de Physiologie de l'École d'Alfort, l'occasion d'employer très fréquemment cette méthode d'anesthésie sans qu'il soit survenu un seul accident.

Voici, du reste, la note dans laquelle je rendais compte de mes essais :

Dans une première série d'expériences, j'ai pratiqué l'anesthésie au moyen d'un mélange renfermant un volume de chloroforme pour deux volumes d'éther. Dans tous ces cas, j'ai poussé l'anesthésie jusqu'à ses dernières limites, c'est-à-dire jusqu'au moment de la production de la résolution musculaire et de la disparition du réflexe oculo-palpébral.

Le mélange était administré en inhalations et par doses massives. Je me plaçais donc dans les conditions les meilleures de production d'accidents. Je puis dire que malgré l'emploi de ce procédé de sidération, je n'ai, dans aucun cas, constaté la moindre syncope ni la plus petite alerte.

Les animaux ont présenté une période d'agitation

sensiblement plus longue que dans les cas d'anesthésie par le chloroforme. Toutefois, cette période d'excitation n'a jamais excédé trois minutes. L'anesthésie confirmée a été obtenue dix minutes environ après le début des inhalations.

Le sommeil, tout étant aussi profond que dans les cas d'anesthésie chloroformique, demande à être entretenu avec plus de soin : le réveil, en raison de la grande volatilité de l'éther, survient vite ; l'animal reprend plus tôt son attitude normale ; l'ivresse qui accompagne le réveil m'a semblé beaucoup moins accentuée que celle qui suit les inhalations de chloroforme.

La dose de mélange nécessaire pour produire l'anesthésie a été en moyenne de $3^{gr},5$ par kilogramme de poids d'animal. Mais il y a sous ce rapport de très grandes variations : c'est ainsi qu'il a fallu 80 grammes du mélange pour produire l'anesthésie chez un chien de 6 kilos, tandis que 60 grammes m'ont suffi pour des chiens pesant en moyenne entre 27 et 30 kilos.

Dans une seconde série d'expériences, je me suis servi d'un mélange renfermant des volumes égaux d'éther et de chloroforme. Comme précédemment, l'anesthésie n'a été accompagnée d'aucun accident.

Par l'emploi de ce mélange, j'ai constaté que la période d'agitation n'était pas plus longue que dans les cas d'anesthésie chloroformique. La marche de l'anesthésie offre une ressemblance complète avec celle qui suit l'administration du chloroforme. L'anesthésie a été obtenue en cinq minutes en moyenne, avec une dose du mélange de $2^{gr},5$ par kilogramme de poids d'animal. Le réveil a toujours été très rapide. Je n'ai constaté que dans un cas les vomissements qui, le plus souvent, font suite à l'anesthésie par le chloroforme.

Je me crois donc en droit de conclure que le mélange d'éther et de chloroforme est de beaucoup préférable à l'emploi du chloroforme seul, si l'on veut se mettre à l'abri des accidents. Dans les nombreuses expériences que j'ai faites, je n'ai jamais eu à intervenir au cours de l'anesthésie; les animaux ne m'ont jamais présenté les syncopes cardiaques et respiratoires qui ont lieu si fréquemment dans l'anesthésie chloroformique et qui nécessitent l'emploi de la respiration artificielle ou de la méthode des tractions rythmées de la langue.

CHAPITRE VIII

ANESTHÉSIE LOCALE

Généralités. — On a besoin parfois dans la pratique chirurgicale d'obtenir l'insensibilité d'une région bien limitée de l'organisme sans qu'il soit besoin d'avoir recours à l'anesthésie générale. Les moyens proposés pou   obtenir l'anesthésie locale sont assez nombreux ; nous allons les passer en revue. Il est certain que les apolications de l'anesthésie locale sont moins fréquentes en chirurgie vétérinaire que dans la chirurgie humaine. Mais il est néanmoins un certain nombre d'opérations. notamment celles qui portent sur la peau et les premières couches sous-cutanées, dans lesquelles on aura recours avec avantage à l'anesthésie locale surtout quand il s'agira d'un animal irritable. D'autre part, l'emploi de ce procédé d'anesthésie est absolument indiqué en chirurgie oculaire, si l'on veut opérer dans des conditions de sûreté complète.

I. — La réfrigération.

C'est un fait bien connu, que le froid amène une diminution de la sensibilité qui peut aller jusqu'à l'abolition complète de cette dernière, pour peu qu'on insiste sur son emploi. Aussi a-t-on songé à utiliser le froid pour insensibiliser certaines régions de l'organisme atteintes de lésions pour lesquelles l'intervention chirurgicale est nécessaire. On obtient le froid par des moyens très divers.

A. *Emploi des mélanges réfrigérants.* — Si l'on veut obtenir l'anesthésie d'une région, telle que les parties inférieures des membres, on peut avoir recours aux mélanges réfrigérants. On recouvre la région sur laquelle doit porter l'opération d'un sachet renfermant un mélange à parties égales de glace et de sel marin. L'abaissement de température peut de la sorte atteindre 10 degrés au-dessous de 0. Le seul inconvénient de ce procédé c'est qu'il est difficile de graduer avec précision les effets de ce mélange. L'action du froid peut se faire sentir avec trop d'intensité. Il en résulte un certain état de congélation des tissus et la production d'eschares superficielles.

B. *Emploi des liquides volatils (Éther. — Bromure d'éthyle. — Chlorure de méthyle. — Chloroforme).* —

On utilise pour provoquer le refroidissement l'évaporation de certains liquides très volatils, particulièrement de l'*éther*. On a recours aujourd'hui aux
pulvérisations de ce produit au moyen du pulvérisateur de Richardson. Voir figure 4.

Fig. 4. — Pulvérisateur de Richardson.

Il est de nécessité que les pulvérisations soient
faites assez rapidement, si l'on veut obtenir l'anesthésie en peu de temps. L'anesthésie locale par ce
moyen peut être recommandée dans les cas de
ponction d'abcès, d'ablation de tumeur et de névrotomie chez les chiens et les chevaux irritables.

On a proposé également les pulvérisations de *bro*

mure d'éthyle. Encore ici on se sert du pulvérisateur de Richardson. Le bromure d'éthyle semble même supérieur à l'éther, en raison de la rapidité de son action et de la non-inflammabilité de ses vapeurs. Pour obtenir tous les bénéfices de cette méthode, il faut pratiquer les pulvérisations à environ 10 centimètres de la surface qu'on veut insensibiliser.

On peut se servir encore du *chlorure de méthyle*, mais ce corps est d'un emploi dangereux en raison de l'énergie de son action réfrigérante. Il insensibilise la peau en un temps très court, mais on dépasse facilement la dose anesthésique; il survient alors de la congélation des tissus et de l'escharification. Le chlorure de méthyle n'est pas à recommander, pas plus du reste que le *chloroforme* et le *mélange de chloroforme et d'acide acétique cristallisable*. De même encore les *procédés de Bailly* (*Bulletin de l'Académie de médecine*, octobre 1888) et *de Lesser* (*Biologie*, août 1882), ne me paraissent pas pouvoir être utilisés en chirurgie vétérinaire. Les seuls procédés d'anesthésie locale par réfrigération qui soient recommandables sont les pulvérisations d'éther ou de bromure d'éthyle.

II. — Anesthésie locale par la cocaïne.

A. *Propriétés physiologiques de la cocaïne.* — La cocaïne est un alcaloïde que l'on retire de l'érythroxylon coca, plante cultivée particulièrement dans l'Amérique du Sud. Les propriétés anesthésiantes de la coca avaient été depuis longtemps mises en usage par les habitants de ces régions qui s'en servaient dans le dessein de supprimer les sensations de la soif et de la faim.

La cocaïne fut découverte par Gardeke (1855), Samuel R. Percy (1857) et Niemann (1859).

Schroff de Vienne en montra le premier les propriétés anesthésiantes locales. Depuis lors, l'emploi de la cocaïne s'est généralisé, son usage est aujourd'hui très répandu. Les propriétés physiologiques de ce médicament ont été étudiées par un grand nombre d'expérimentateurs, parmi lesquels il faut plus particulièrement citer : Arloing, Grasset, Vulpian, Laborde et Laffont.

Le chlorhydrate de cocaïne est le sel le plus communément employé. Il exerce une action anesthésique locale très manifeste. Quelques gouttes d'une solution à 1 p. 100 déposées sur la muqueuse oculaire déterminent au bout de plusieurs minutes, une insensibilité très marquée qui persiste

7

pendant un temps variant entre 15 et 30 minutes. Quelques gouttes de la même solution introduite dans le tissu conjonctif sous-cutané provoquent également l'anesthésie des points où a été déposée la substance. Nous verrons plus loin l'application que l'on peut faire de ces remarquables propriétés.

Mais la cocaïne exerce une action générale qu'il importe de connaître.

Quelques auteurs ont prétendu que cet alcaloïde était capable de produire l'anesthésie générale, une fois passé à l'absorption.

Disons immédiatement que la cocaïne est loin de présenter les caractères d'un anesthésique général, il ne faut la considérer que comme un anesthésique local proprement dit.

Le chien qui a reçu du chlorhydrate de cocaïne à dose un peu élevée, manifeste une grande agitation qui ne tarde pas à dégénérer en crises convulsives. L'animal empoisonné par cet alcaloïde ressemble en tous points à celui qui aurait reçu une dose toxique d'un sel de strychnine. Le sujet présente donc toutes les manifestations qui résultent de l'excitation du système neuro-moteur.

Mais, chose remarquable, tandis que le système nerveux moteur est surexcité, on peut constater un état d'analgésie très marquée à la périphérie. Pour me servir de l'heureuse expression de M. Dastre, « le tégument de l'animal en cet état est comme une enveloppe inerte, qui établit une barrière entre lui et les objets qui l'entourent ».

L'exercice des sens est rendu impossible, et malgré cela, les nerfs sensitifs n'ont pas perdu leur excitabilité. L'individu réagit quand on porte sur ces troncs nerveux des excitations répétées. La paralysie qui atteint les filets sensitifs, ne se produit qu'à la périphérie. On a pu dire avec raison que la cocaïne est un *curare sensitif*. Mais, il ne faut pas l'oublier, cette action analgésiante périphérique, qui apparaît à la suite du passage de la cocaïne à l'absorption, ne se produit qu'avec des doses presque toxiques.

Sur le cœur et les vaisseaux capillaires, la cocaïne exerce une action qu'il importe de connaître. Dans les premiers moments qui suivent l'introduction du médicament dans le torrent circulatoire, le cœur subit un ralentissement de peu de durée, en même temps que la pression artérielle diminue légèrement. Peu après, apparaissent des effets inverses : le cœur s'accélère et la pression artérielle s'élève. L'augmentation de la tension du sang dans les artères est due à la vaso-constriction périphérique, aussi les muqueuses sont-elles pâles, décolorées et la peau exsangue.

Si la dose est toxique, l'accélération du cœur fait place à un ralentissement et le cœur s'arrête. Sous l'influence de fortes doses, la respiration s'accélère et son amplitude diminue. En cas d'intoxication, la respiration s'arrête avant le cœur. La température subit une augmentation notable. La cocaïne agit également sur les fibres lisses qu'elle excite, aussi s'explique-t-on la mydriase qui suit l'instillation sur la muqueuse oculaire de quelques gouttes de solution cocaïnique, de même que les vomissements et les borborygmes qui surviennent chez l'animal qui en a reçu de fortes doses.

Quant au mode d'action de la cocaïne, il faut refuser d'admettre la théorie qui explique les effets anesthésiques de ce médicament par la vaso-constriction et l'anémie qu'il provoque à la périphérie. Il faut admettre que la cocaïne agit indépendamment de tout effet vasculaire sur l'élément nerveux lui-même. Ce fait a déjà subi un commencement de démonstration. M. Arloing plonge dans une solution cocaïnique des rameaux nerveux fraîchement excisés, et constate que le contenu des gaines de Schwann est coagulé, en même temps que les fibres ont pris un aspect granuleux. L'effet de la cocaïne sur les nerfs s'expliquerait donc par l'altération temporaire que subiraient les filets nerveux terminaux.

B. *Mode d'administration de la cocaïne.* — La cocaïne s'administre :

1° En injections intra et sous-dermiques ;

2° En badigeonnages ;

3° En instillations.

1° *Injections intra et sous-dermiques de cocaïne.*

Il faut ici suivre le manuel opératoire préconisé par MM. Reclus et Wall dans la *Revue de chirurgie*, 1889.

La règle générale est la suivante : l'injection de cocaïne doit être poussée dans le sens de l'incision future, pour laquelle elle crée une zone anesthésique où, au bout de trois ou quatre minutes, l'instrument peut creuser au milieu des tissus insensibles. On enfoncera donc l'aiguille de la seringue Pravaz sous la peau, suivant une direction bien déterminée d'avance ; en même temps qu'on poussera l'aiguille avec une grande lenteur, on pressera le piston de façon à déposer le long du trajet parcouru une traînée du liquide anesthésiant.

Pour insensibiliser la peau, ces auteurs ont eu recours aux injections intra-dermiques. Elles consistent à pénétrer avec l'aiguille de la seringue Pravaz seulement dans les couches profondes du derme et à y pousser lentement l'injection de cocaïne. On s'assure que l'opération a été menée à bonne fin, quand durant l'injection l'opérateur éprouve un certain degré de résistance à l'introduction du liquide, et quand surtout apparaît une sorte de boursouflement de la peau qui devient exsangue.

La zone anesthésiée de la sorte atteint d'ordinaire ou dépasse 2 centimètres en largeur. Du reste, la démarcation entre les tissus insensibilisés et ceux qui sont encore sensibles n'est pas brusque, il existe une zone intermédiaire où la sensibilité est obscure. L'incision doit être pratiquée au centre même de la traînée de cocaïne. L'insensibilité est parfaite et s'étend jusqu'aux parties molles situées sous la zone injectée.

En chirurgie vétérinaire, M. le professeur Labat a relaté dans la *Revue vétérinaire* de 1891, un certain nombre d'opérations faites avec le secours de la cocaïne. Ce chirurgien a eu recours aux injections sous-dermiques, pratiquées suivant le procédé de Reclus; il se sert d'une solution de chlorhydrate de cocaïne à 5 p. 100.

Voici résumées les observations de cet auteur.

OBSERVATION I. — Jument bretonne, douze ans, porteur d'un kyste dermoïde à la pointe du sternum.

La tumeur a le volume d'un fort poing d'homme, saillante, implantée sur le sternum par une base large d'environ 6 à 7 centimètres. On injecte de la solution de cocaïne sur six points régulièrement disposés au pourtour de la base de la tumeur. *On emploie 10 centigrammes de cocaïne.* Quatre minutes après, l'opération est commencée; on circonscrit la tumeur par une incision circulaire passant par les points où l'injection a été faite. L'opération dure 14 minutes. L'animal n'a pas réagi.

OBSERVATION II. — Mulet, huit ans, atteint d'une tumeur fibreuse en avant de l'ouverture du fourreau.

L'injection de cocaïne est faite en huit piqûres dans le tissu conjonctif sous-cutané. *On use 8 centigrammes de cocaïne.* L'opération s'effectue sans que l'animal ait manifesté la moindre douleur.

OBSERVATION III. — Chienne d'arrêt de sept à huit ans, 24 kilos, atteinte de chondrome de la mamelle. La tumeur a le volume d'une tête d'enfant. Injection par huit piqûres dirigées vers la base de la tumeur. *On emploie 8 à 9 centigrammes de cocaïne.* L'opération a duré 13 minutes. L'animal est resté complètement insensible.

OBSERVATION IV. — Chien mouton, trois ans, 5 kil. 350, atteint d'un cancer du testicule. Le testicule gauche ectopié et envahi par le cancer occupe l'aine gauche et a le volume d'un gros œuf de poule, la tumeur est très douloureuse. Injection par quatre piqûres à la base de la tumeur de la solution de cocaïne; *la dose a été de 3 centigrammes.* L'auteur avait décidé d'énucléer le testicule après avoir incisé la peau à la partie la plus saillante de la tumeur. Il pratique alors une seconde injection de 1 *centigramme de cocaïne*, le long de la ligne que doit suivre le bistouri. Au bout de trois minutes l'insensibilité est obtenue. L'opération a lieu sans réaction de la part du sujet.

OBSERVATION V. — Chien d'arrêt atteint d'entropion. Injection sous la peau des paupières de la solution cocaïnique. *La quantité de cocaïne est évaluée à 7 milligrammes.* L'opération est pratiquée sur les deux yeux. Le chien n'a pas bougé.

OBSERVATION VI. — Macaque d'Aden, trois ans, atteinte d'exophtalmie et de phlegmon profond de l'orbite. L'œil est sorti des paupières, celles-ci et la conjonctive sont le siège d'un fort œdème chaud et douloureux. Injection entre les paupières et le globe de la solution de cocaïne sur quatre

points équidistants. *La dose injectée a été de 8 milligrammes.*
L'œil est enlevé ; un petit abcès qui se trouvait au fond de
l'orbite est ponctionné sans que la macaque ait montré la
moindre douleur.

Observation VII. — Chien danois de 54 kilos, atteint d'une
ostéite de la face interne du tibia droit. Tumeur arrondie, douloureuse, de 10 centimètres environ de diamètre. Injection de
la solution de cocaïne dans le tissu conjonctif sous-cutané par
quatre piqûres équidistantes suivant le procédé de Reclus. *La
dose de cocaïne a été de 8 centigrammes.* La tumeur est cauté-
risée profondément ; l'animal ne pousse pas un cri.

On voit donc, d'après ces différents essais, que la
cocaïne est capable de rendre de très grands services
en chirurgie vétérinaire et qu'elle mérite d'être
recommandée.

2° *Badigeonnages avec une solution de cocaïne.* —
Ce mode d'administration est surtout à recommander
sur les muqueuses ; il serait sans action sur la peau
en raison de la faible perméabilité de ce tégument.
Les badigeonnages de cocaïne ont été surtout ap-
pliqués chez l'homme dans le traitement des affec-
tions douloureuses du pharynx et du larynx (Fauvel,
Coupard), pour pratiquer certaines opérations de
courte durée, telles que l'ablation des polypes du nez
et la cautérisation des amygdales. La cocaïne a encore
été utilisée pour faciliter l'introduction de la sonde
dans le canal de l'urèthre et pour faciliter l'intervention chirurgicale au niveau de la muqueuse de la

vulve et du vagin. On l'emploie encore avec succès en chirurgie dentaire pour permettre l'extraction des dents. Dans ces différents cas, on se sert de solution de cocaïne à des titres variés : 2, 3, 4 et 5 p. 100. On pourrait en vétérinaire user des mêmes procédés dans certains cas d'opérations portant sur la cavité buccale (traitement des épulis, extraction des dents) ou la cavité vaginale (ablation de polypes ou de végétations diverses). De même encore pour faciliter le curage du rectum dans le cas de constipation opiniâtre.

3° *Instillations d'une solution de cocaïne.* — Recommandables en chirurgie oculaire. Le plus ordinairement on se sert d'une solution à 1 p. 200. On fait tomber sur l'œil 6 à 8 gouttes de la solution cocaïnique. Au bout de dix minutes l'anesthésie est obtenue, elle persiste environ un quart d'heure. Quand l'opération doit porter dans les parties profondes, on peut, à l'exemple de Turnbull, continuer les instillations pendant toute la durée de l'opération.

Voici une observation de M. Labat qui montre que ce procédé est utilisable chez le cheval.

OBSERVATION. — Jument, quatre ans, atteinte de deux taies à l'œil gauche. On se dispose à pratiquer le tatouage. La bête, une fois couchée, reçoit en instillations *environ 1 centigramme de cocaïne.*

L'opération est faite sans que la jument ait fait un mouvement, l'œil est resté tout le temps immobile.

III. — Anesthésie locale par le gaïacol.

Dans une récente communication faite à l'Académie de médecine (juillet 1895), par M. Lucas-Championnière au nom de M. C. André, le gaïacol est recommandé comme anesthésique local. Le médicament peut s'administrer en badigeonnages dans le cas de brûlures par exemple, ou en injection hypodermique. Dans ce dernier cas, il faut se servir d'une liqueur composée de la façon suivante :

Gaïacol synthétique...................... 1 gramme.
Huile neutre stérilisée.................. 20 c. cubes.

Il suffit d'injecter quelques gouttes de ce mélange au point qu'on veut insensibiliser. Ce procédé est actuellement très employé en chirurgie dentaire. Il tend à supplanter la cocaïne. L'anesthésie par le gaïacol est plus lente à se produire qu'avec la cocaïne, mais par contre son action est plus durable. Le gaïacol produit son action analgésiante aussi bien sur les tissus enflammés que sur les tissus sains, enfin il n'est pas toxique.

Mon collègue et ami M. Drouin a employé le gaïacol dans un certain nombre de cas. Voici la note qu'il a bien voulu me communiquer : « C'est surtout pour l'ablation des tumeurs chez le chien que

le gaïacol m'a rendu de véritables services. Je l'ai
utilisé dans quatre circonstances avec le plus grand
succès. La technique de son emploi est des plus
simples et ne diffère en rien de celle à laquelle on a
recours pour les injections de cocaïne. Il faut se
servir de la solution André (gaïacol en solution dans
l'huile neutre stérilisée). La seule précaution à
prendre est d'employer une canule un peu grosse,
la solution étant à base d'huile a du mal à franchir
les canules étroites. Il faut attendre environ
dix minutes après l'injection pour observer les effets
anesthésiques. Après ce temps, la région est absolument indolore, l'analgésie dure plus longtemps
qu'avec la cocaïne. »

IV. — Autres méthodes d'anesthésie locale.

M. Gley (*Biologie*, novembre 1889) a constaté que la strophantine et l'ouabaïne possédaient des propriétés anesthésiques locales très marquées.

Quatre gouttes d'une solution à 1 p. 1000 de l'une ou de l'autre de ces substances instillées dans l'œil d'un lapin, produisent au bout de cinq minutes une diminution de la sensibilité cornéenne qui aboutit après cinq minutes environ à l'anesthésie complète. La cornée est absolument insensible. Cette anesthésie dure de deux à trois heures, elle est absolue pendant une heure et demie. On ne constate pas de phénomènes d'irritation. L'anesthésie s'accompagne de myosis. Ces substances semblent donc plus actives que la cocaïne.

M. Guinard (*Biologie*, 21 juillet 1894) a signalé les propriétés anesthésiques locales de la spartéine. En instillations dans l'œil, il faut un certain temps pour obtenir l'insensibilisation. C'est seulement cinquante minutes après que celle-ci paraît complète, mais cette anesthésie dure très longtemps (3 heures dans un cas). Les injections sous-cutanées de spartéine sont plus actives. Dix minutes après la piqûre, le point imprégné se montre insensible. L'anesthésie locale persiste deux heures et davantage.

On peut se servir pour les instillations d'une solution de sulfate de spartéine au vingtième.

Pour les injections, on se sert de la même solution ;
1 centimètre cube injecté suivant le procédé employé pour les injections sous-dermiques de cocaïne
suffit. Il ne survient pas, à la suite de ces injections,
de phénomènes inflammatoires.

FIN

TABLE DES MATIÈRES

2780-90. — Corbeil. Imprimerie Éd. Crété.